JN279903

阿部龍蔵・川村 清 監修

裳華房テキストシリーズ−物理学

固体物理学

東京大学名誉教授
理学博士

鹿児島 誠一 著

裳 華 房

Solid State Physics

by

Seiichi Kagoshima, Dr. Sc.

SHOKABO

TOKYO

編 集 趣 旨

「裳華房テキストシリーズ－物理学」の刊行にあたり，編集委員としてその編集趣旨について概観しておこう．ここ数年来，大学の設置基準の大網化にともなって，教養部解体による基礎教育の見直しや大学教育全体の再構築が行われ，大学の授業も半期制をとるところが増えてきた．このような事態と直接関係はないかも知れないが，選択科目の自由化により，学生にとってむずかしい内容の物理学はとかく嫌われる傾向にある．特に，高等学校の物理ではこの傾向が強く，物理を十分履修しなかった学生が大学に入学した際の物理教育は各大学における重大な課題となっている．

裳華房では古くから，その時代にふさわしい物理学の教科書を企画・出版してきたが，従来の厚くてがっちりとした教科書は敬遠される傾向にあり，"半期用のコンパクトでやさしい教科書を"との声を多くの先生方から聞くようになった．

そこでこの時代の要請に応えるべく，ここに新しい教科書シリーズを刊行する運びとなった．本シリーズは18巻の教科書から構成されるが，それぞれその分野にふさわしい著者に執筆をお願いした．本シリーズでは原則的に大学理工系の学生を対象としたが，半期の授業で無理なく消化できることを第一に考え，各巻は理解しやすくコンパクトにまとめられている．ただ，量子力学と物性物理学の分野は例外で半期用のものと通年用のものとの両者を準備した．また，最近の傾向に合わせ，記述は極力平易を旨とし，図もなるべくヴィジュアルに表現されるよう努めた．

このシリーズは，半期という限られた授業時間においても学生が物理学の各分野の基礎を体系的に学べることを目指している．物理学の基礎ともいうべき力学，電磁気学，熱力学のいわば3つの根から出発し，物理数学，基礎

量子力学などの幹を経て，物性物理学，素粒子物理学などの枝ともいうべき専門分野に到達しうるようシリーズの内容を工夫した．シリーズ中の各巻の関係については付図のようなチャートにまとめてみたが，ここで下の方ほどより基礎的な分野を表している．もっとも，何が基礎的であるかは読者個人の興味によるもので，そのような点でこのチャートは一つの例であるとご理解願えれば幸いである．系統的に物理学の勉学をする際，本シリーズの各巻が読者の一助となれば編集委員にとって望外の喜びである．

阿部龍蔵，川村　清

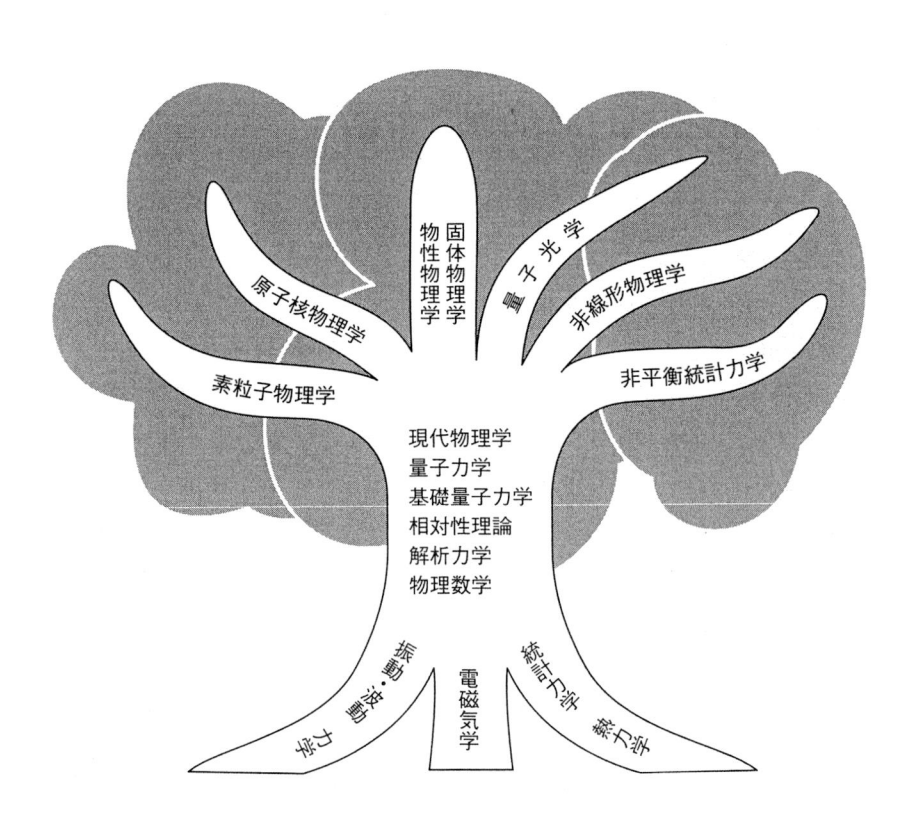

原子核物理学　固体物理学　物性物理学　量子光学　非線形物理学

素粒子物理学　非平衡統計力学

現代物理学
量子力学
基礎量子力学
相対性理論
解析力学
物理数学

振動・波動　力学　電磁気学　統計力学　熱力学

はしがき

　固体物理学は，さまざまな物質において演じられる多彩な物理現象を，できるだけ簡単で統一的な立場から解き明かそうとする学問分野である．素粒子物理学が，自然界の成り立ちの根本を追及するのに対し，物性物理学の対象は，多数の原子が集まってできた物質であり，多数の粒子があって初めて出現する物理現象である．多様性に富んだ現象を物理学として整理し，見通しよく体系化したものが固体物理学である．また，固体物理学は物質に起こる物理現象を相手にするので，電子工学などの応用技術分野とも密接な関係がある．最先端のハイテクの基礎には固体物理学がある．このため固体物理学は物理学全体の中でもっとも大きい領域であり，実際，日本物理学会の研究発表では，固体物理学関係の発表が全体の2/3を占めている．

　大学では通常，3年次，4年次で固体物理学を学ぶ．本書はそれを前提として，読者が力学，電磁気学のほか，統計力学と量子力学の初歩を学んでいることを想定している．大学の1学期（半年）のコースを想定し，できるだけ内容を精選するように努めた．したがって，光物性や誘電性，超伝導に関する事項にはほとんど触れていない．また，現代の固体物理学の中心的課題の一つは，互いにクーロン斥力をおよぼしつつ低次元運動をする電子系の物性である．ノーベル賞の対象となった高温超伝導，量子ホール効果，導電性ポリマーなどの物理はこれと密接な関係があると考えられている．本書はこれらの事項にとって基礎となる事項を扱っているので，関心のある読者は本書の内容を学んでからこれらの事項にとりくむことをお勧めする．

　読者は本書の内容を表面的に修得するだけでなく，自分で多面的に考えるようにしていただきたい．特に大事な勉学態度は，自分で「なぜ？」を問うことである．「この場合にはこう考えて，このように計算する」ことを学ぶ

のではなく，なぜそのようにすればよいのかを考えて頂きたい．また，何かの条件を前提として問題を取扱っているときは，その前提を変えたらどうなるかを考えて頂きたい．このことによって，物理が本当に自分のものになるだろう．

　本書を書き進めるにあたって，担当編集委員の阿部龍蔵先生には原稿を丹念に見ていただき，全体の構成について貴重な助言を頂いた．厚く感謝する．また裳華房の真喜屋実孜，小野達也 両氏は，原稿完成までの3年間，辛抱強く督励してくださった．心よりお礼申し上げる．

2002年7月

鹿児島 誠一

目　次

1. 固体物理とは　……………1

2. 固体の構造

§2.1　原子の電子状態と結合力‥3
　2.1.1　原子の結合　‥‥‥3
§2.2　結晶の周期構造‥‥‥‥6
　2.2.1　対称性と物性　‥‥‥6
　2.2.2　さまざまな対称性　‥6
　2.2.3　結晶構造　‥‥‥‥7
　2.2.4　さまざまな物質の結晶構造
　　　　　‥‥‥‥‥‥‥‥11
§2.3　結晶の中の波動――
　　　　ブロッホの定理　‥‥13
　2.3.1　波数と固有状態　‥13
　2.3.2　ブリユアン域　‥‥15
　2.3.3　逆格子　‥‥‥‥16
演習問題　‥‥‥‥‥‥‥‥18

3. 伝導電子の基本的性質

§3.1　電気伝導　‥‥‥‥‥19
　3.1.1　オームの法則　‥‥19
　3.1.2　電気伝導率と抵抗率‥20
§3.2　電気伝導の古典粒子モデル
　　　　‥‥‥‥‥‥‥‥‥21
　3.2.1　気体分子運動論　‥21
　3.2.2　散乱緩和時間　‥‥22
§3.3　自由電子モデル　‥‥23
　3.3.1　平面波モデル　‥‥23
　3.3.2　周期的境界条件　‥24
　3.3.3　フェルミ準位と
　　　　　フェルミ波数　‥‥25
　3.3.4　フェルミ面　‥‥‥27
　3.3.5　電気伝導の自由電子モデル
　　　　　‥‥‥‥‥‥‥‥30
§3.4　比熱と磁化率　‥‥‥32
　3.4.1　電子比熱　‥‥‥33
　3.4.2　パウリ常磁性　‥‥35
演習問題　‥‥‥‥‥‥‥‥37

4. エネルギー帯の形成

§4.1 準自由電子モデル ・・・39
　4.1.1 弱い周期的ポテンシャルの中の電子 ・・・・・・40
　4.1.2 禁制帯と許容帯 ・・・42
§4.2 クローニッヒ-ペニーのモデル ・・・・・・・・43
§4.3 強束縛モデル ・・・・・・45
§4.4 金属・絶縁体・半導体 ・・47
§4.5 バンド電子の状態密度 ・・48
演習問題 ・・・・・・・・・・49

5. 電子の運動と輸送現象

§5.1 バンド電子の電気伝導 ・・51
　5.1.1 異方性導体の電気伝導・51
　5.1.2 有効質量と正孔の概念・54
§5.2 電流磁気効果とランダウ量子化 ・・・・57
　5.2.1 ローレンツ力とサイクロトロン運動 ・・・57
　5.2.2 磁気抵抗 ・・・・・・58
　5.2.3 ホール効果 ・・・・・60
　5.2.4 ランダウ量子化とド・ハース効果 ・・・・61
　5.2.5 量子ホール効果 ・・・65
§5.3 一般の輸送現象 ・・・・66
　5.3.1 電荷の輸送とエネルギーの輸送 ・・・66
　5.3.2 熱伝導 ・・・・・・・68
　5.3.3 熱電効果 ・・・・・・69
演習問題 ・・・・・・・・・・70

6. 半導体と電子デバイス

§6.1 真性半導体と不純物半導体・71
§6.2 バンド構造とpn接合 ・・77

7. 磁性

§7.1 原子の磁気能率とフント則・84
　7.1.1 磁気能率の起因 ・・84
　7.1.2 フント則 ・・・・・85
§7.2 常磁性と反磁性 ・・・・87
　7.2.1 磁場中の電子 ・・・87
　7.2.2 キュリー常磁性 ・・・89
§7.3 磁気秩序とその応用 ・・・91
　7.3.1 交換相互作用 ・・・91
　7.3.2 強磁性と反強磁性 ・・93
　7.3.3 磁性体の磁気異方性と磁区構造 ・・・・・・・100
演習問題 ・・・・・・・・・・104

8. 結晶格子の性質

§8.1 X線による構造解析 ‥‥106
§8.2 格子振動とフォノン ‥‥112
 8.2.1 格子振動 ‥‥‥112
 8.2.2 超音波の音速測定 ‥117
 8.2.3 フォノン ‥‥‥118
§8.3 格子比熱 ‥‥‥‥‥120
§8.4 非調和性と熱膨張，熱伝導
 ‥‥‥‥‥‥‥‥‥125
演習問題 ‥‥‥‥‥‥128

9. 光と物質

§9.1 反射と屈折 ‥‥‥‥131
§9.2 金属光沢とドルーデモデル
 ‥‥‥‥‥‥‥‥‥134
§9.3 光による励起 ‥‥‥139
§9.4 非線形光学 ‥‥‥‥142

演習問題略解 ‥‥‥‥‥‥‥‥144
索　引 ‥‥‥‥‥‥‥‥‥‥‥151

コ ラ ム

準結晶 ‥‥‥‥‥‥18
グラフとコンピュータ ‥‥‥38
バンド計算 ‥‥‥‥‥50
奇妙なブロッホ振動 ‥‥‥70
ナノ構造 ‥‥‥‥‥83
電子相関 ‥‥‥‥‥105
回折実験の弱点　水素 ‥‥130
鏡とガラス ‥‥‥‥‥143

1 固体物理とは

物理学で扱うエネルギーの範囲は，ビッグバンのエネルギーの 10^{19} GeV (10^{28} eV, 10^9 J, 温度でいえば 10^{32} K) から，極低温の 10^{-10} eV (10^{-29} J, 10^{-6} K) におよんでいる．その中で固体物理のエネルギー範囲の上限は 10 eV 程度である．原子自身は高エネルギーで作られているが，それが多数集まると，わずかな励起エネルギーによって原子集団の多彩な振舞が現れる．重要なことは，その多彩さを整理していく中で，基本的な物理の概念が構築されることである．

固体物理のキーワードは「集合」，「相互作用」，「規則構造」である．物性が演じられる世界は，ほとんどの場合，原子や分子がアボガドロ数程度集まった集合系であり，集合系であるがゆえの新たな性質，つまり統計性が重要である．そのひとつは**フェルミ粒子**と**ボース粒子**の区別である．電子がフェルミ粒子であるがゆえに，金属と絶縁体の区別が現れる．またその電子が2個ずつのペアをつくってボース粒子の性格をもつことによって，超伝導が生じる．

集合系でさらに大事なことは「相互作用」である．相互作用を介して，多数の粒子が互いに関係をもちながら運動をすることが多彩な物性をもたらす．ボース粒子であっても，相互作用がなければ超伝導や超流動を生じることはできない．また，電子のスピンがミクロ磁石の性質をもっているとして

も，物質中でスピン間の相互作用がなければ，マクロに磁石の性質が現れることはない．

「規則構造」は現実の物質で頻繁に見られる構造である．水晶やダイヤモンド，雪の結晶などは規則構造をもつ結晶体としておなじみであろう．ところで，身の回りにあふれている鉄，銅，アルミニウムなどの金属は結晶のようには見えない．しかしこれらの物質はそれぞれの微結晶の集合体であり，磁石になったり電気を通すような性質は結晶がもっている性質である．銅の原子を不規則に並べただけでは決して導体の性質は生まれない．したがって，固体物理ではまず規則構造をもつ結晶体の性質を学ぶのが普通である．また，規則構造があることを利用して数学的取扱いが簡単化されるので，その意味でも本書では結晶体を念頭において物性を学ぶ．

2 固体の構造

固体は莫大な数の原子で作られている．多数の原子を結合させて固体を形作る原動力は，基本的には電子の負電荷と原子核の中の陽子がもつ正電荷のクーロン力である．同種電荷の間に作用する斥力と，異種電荷の間の引力とがバランスして，適当な原子間距離が保たれ，物質の密度や固さが決まる．原子の配列が規則性をもつとき，結晶が作られる．固体物理の中心課題は，結晶性物質でおこるさまざまな現象であり，原子の規則配列の中での電子や原子の振舞を理解することが大事である．本章では，原子の規則配列の基本的役割を学ぶ．

§2.1 原子の電子状態と結合力

2.1.1 原子の結合

原子の結合をその電子状態の変化という視点で2つのグループに大別できる．孤立原子の電子の量子状態が，ほぼそのまま保たれたままで原子間の結合ができるものには，イオン結合，ファン・デル・ワールス結合，水素結合などがあり，量子状態が大幅に変るものとして，共有結合，配位結合，金属結合などがあげられる．

イオン結合

イオン結合の代表例は，NaCl，AgBrなど，アルカリ金属元素とハロゲン元素との化合物である．NaClを例にとろう．Naは1s状態と2s状態に2個ずつ，2p状態に6個の電子をもち，これらの量子状態は一杯になる．

最後の1個の電子は3s状態を占める．Clは1s, 2s, 2p, 3sがすべて占有され，3p状態に5個の電子が入って，1電子ぶんの空きがある．Naの3s状態のエネルギー準位より，Clの3p状態のエネルギー準位の方が低いので，NaとClが接近すると，Naの1個の3s電子がClの3p状態に移り，全体としてエネルギーの低い状態になる．これ以上の電子移動は，エネルギー的に不利なので起こらない．

こうしてNaは+1価イオン，Clは-1価イオンとなって，それぞれeおよび$-e$の電荷をもつ．Na^{1+}とCl^{1-}はクーロン引力によって結合を強める．これがイオン結合である．NaCl結晶中では，Naイオン同士，Clイオン同士のクーロン斥力も生じるから，それによるポテンシャルエネルギーの増加を避けるようにイオンが配列し，後述の，いわゆるNaCl型の結晶構造ができる．

イオン結合の結合エネルギーは10電子ボルト（eV）程度であり，熱エネルギーで結合を壊すためには，10万K程度の高温を要する．イオン結合は一般に強い結合である．

ファン・デル・ワールス結合

この結合の代表例は，He, Neなどの希ガス元素の結晶や，メタン，ベンゼンなどの分子の結晶などである．たとえば，Heでは2個の電子が1s状態を一杯に満たしている．2個のHe原子を接近させても，1s状態は完全に満たされているから，あえて一方の原子から他方へ電子を移すためには，移動先の原子の2s状態に入れるしかない．こうなると，系のエネルギーが高くなるから，このような機構による結合は起こらない．

1s状態を満たした電子の電荷密度は，原子核の周りで球対称性をもつ．しかしながら，もし電荷密度にゆらぎが生じて偏りをもつと電気双極子が生じる．その双極子が作る電場は近くの原子に双極子を誘起するに違いない．2つの双極子の相互作用によって系のエネルギーが下がるから，2つのHe原子の間に結合が生じる．ただし，このエネルギーの下がりは，2つの

電子に定常的に電気双極子を生じさせるほどではない．したがって，最初の原子に生じると考えた双極子は，あくまで量子的なゆらぎにすぎない．このため，一般にファン・デル・ワールス結合の結合エネルギーは $0.1\,\mathrm{eV}$ 程度で小さい．

共 有 結 合

共有結合で物質が形作られる代表例は，C（ダイヤモンド，グラファイト）とその同属元素の Si, Ge などである．また，高温超伝導体として有名な，希土類元素を含む銅酸化物 $YBa_2Cu_3O_7$ などでは，結晶中の Cu と O が共有結合を作り，CuO 層が電気伝導を担う．共有結合は，2つの原子それぞれのもっとも高いエネルギー準位が完全には満ちていず，それらの準位のエネルギー差が小さいときに生じる．2つの電子状態が組み合わされて，新たに結合性軌道と反結合性軌道の2つの状態が作られる．一般に結合性軌道の方がエネルギーが低く，2電子がその状態を占めるので，系のエネルギーが下がる．この下がりが結合力を生む．結合エネルギーはおよそ $10\,\mathrm{eV}$ 程度である．

配 位 結 合

物質中では，ひとつの原子に属する電子は，その原子の原子核が作る電場のもとにあるだけでなく，周りのイオンの電場（結晶場あるいは配位場という）の影響を受ける．したがって，孤立原子の 2s, 3p などという電子状態が物質中では再構成されることがあり，その結果，系のエネルギーが下がるなら結合力が生まれる．この機構による結合が配位結合である．

金 属 結 合

Cu, Au などは代表的金属であるが，単に電気抵抗が低い物質を金属とよぶのではない．物性論的には，金属とは，伝導電子という特有の電子状態をもつ物質をいう．伝導電子状態は，電子が特定の原子に帰属するのではなく，物質全体に広がっている．一般に，電子状態が空間的に広がることによって系のエネルギーが下がる．このことによる結合が金属結合である．

分子性物質や酸化物でも金属性をもつものは多い．そのような物質では，結合力の源泉は単一の金属結合だけではない．ファン・デル・ワールス結合あるいは共有結合も協働して，実際の物質が形作られる．

§2.2 結晶の周期構造

2.2.1 対称性と物性

原子が規則的に配列して作られる物質が結晶である．この規則性を**対称性**とよぶ．（いわゆる「図形の対称性」より，もっと広い意味で使われることに注意．）多彩な物性現象をもたらすものは，原子や電子がそれぞれの物質の対称性のもとで演じる特有の運動様式であるといえる．たとえば，2種類の原子が一直線上で交互に，等間隔 a で配列すると1次元結晶が作られる．この結晶は周期 $2a$ の平行移動に対して不変であり，これを並進対称性という．2原子の交互配列に乱れがあったり，等間隔でなかったりすると並進対称性が破れる．

対称性が異なると，そこに置かれた原子や電子が受けるポテンシャルなどが異なるから，電子状態や運動様式も異なる．したがって物質の対称性は，そこに現れる物性を決定的に支配する．次節では，3次元物質の対称性を順次見ていこう．

2.2.2 さまざまな対称性

並　進

ある長さの平行移動に対して，系の構造が不変であるとき，これを並進対称性という．3次元系では，3つの独立な方向に対して，移動距離がそれぞれ異なってよい．並進対称操作には，並進の長さと方向がさまざまに異なる多数の操作がある．これらの対称操作全体は数学的な**群**を構成するので，これを結晶の**並進群**とよぶ．並進対称性は，物質が結晶であるための必要条件である．

回転・反転・鏡映

ひとつの点，線または面に関する対称操作を考えよう．ひとつの点の周りにある角度だけの回転を施して，系の構造が不変であるとき，これを回転対称性という．たとえば，正方形を縦横に平行移動して作った格子パターンは，90度回転および180度回転に関して対称であり，回転の中心は正方形の中心，および頂点にある．

角度 θ 度の回転対称性があるとき，回転を $N = 360/\theta$ 回くり返すと，系の状態は完全に元にもどる．これを「θ 度回転対称性」あるいは「N 回回転対称性」とよぶ．

結晶は並進対称性をもたねばならないから，それに加えて回転対称性をもつためには，回転角に制限がある．結晶では，60度，90度，120度（および自明な360度）回転だけが許される．ある種の物質は，回転に関して5回回転の対称性をもつが並進対称性をもたないので，**準結晶**とよばれる．

ある点を原点として，位置ベクトルを反転させる操作，言い換えれば，位置座標 (x, y, z) をすべて $(-x, -y, -z)$ とする操作に関して系の構造が不変であるとき，この対称性を反転対称性という．

次に，ひとつの面を鏡と考え，この鏡に映した構造が元の構造と同一であるとき，これを鏡映対称性という．言い換えれば，鏡映面を xy 面とし，法線方向を z 軸とするとき，位置座標 (x, y, z) を $(x, y, -z)$ とすることに関して系が不変であれば，その系は鏡映対称性をもつ．

以上のように，ひとつの点，線および面に関する対称操作の全体を**点群**とよぶ．

2.2.3 結晶構造

塩化セシウム（CsCl）は図2.1(a)に示すような構造をもっている．これを x, y, z それぞれの方向に a ずつの並進をくり返せば結晶構造が作られる．もし $a/2$ ずつの並進をすると，Cs は Cl に，Cl は Cs に重なってしまう

から，このような並進は対称操作ではないことに注意しよう．つまり対称操作は，原子の種類まで含めて，元の構造と同じになる操作である．そうすると，CsCl の対称性を表す基本構造は，図 2.1(b) の立方格子である．格子の頂点を一般に格子点という．これ以後，**格子点**と実際の**原子**や原子集団とを区別して考える必要がある．格子点はあくまで対称性を表す格子の頂点であり，原子や分子は必ずしも格子点の上にある必要はない．図 2.1(c) のように原子を配置してもかまわない．また，格子点自身には大きさはなく，したがってそれ自身の対称性を考えることは無意味である．

塩化ナトリウムは，図 2.2(a) のような構造をもつ．図の立方体を，x, y, z それぞれの方向に a ずつ並進させれば，Na が Na の上に，Cl が Cl の上に来て結晶構造が作られる．しかしながら，これが唯一の方法ではないこ

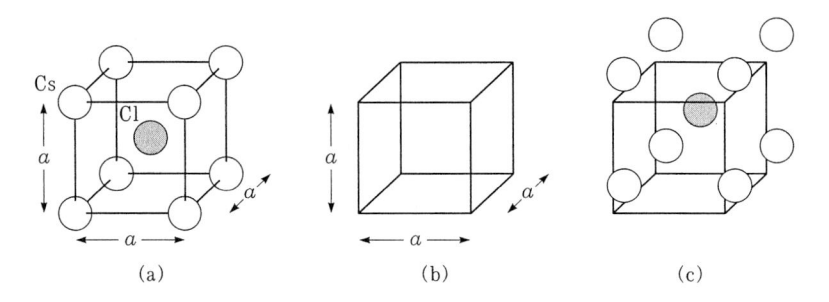

図 2.1 塩化セシウムの結晶構造と単位格子

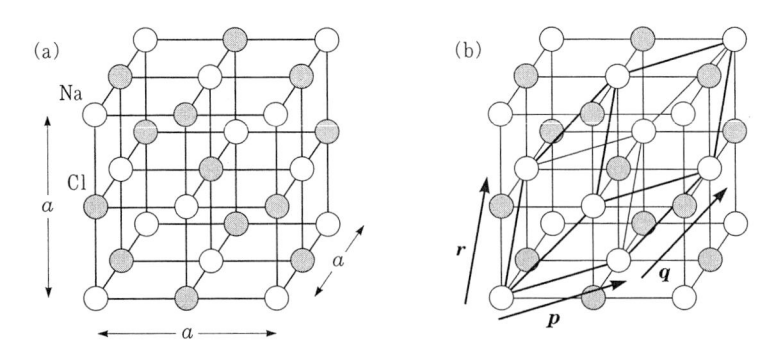

図 2.2 塩化ナトリウムの結晶構造と (a) 単位格子，(b) 基本格子

とに注意しよう．図 2.2(b) の平行 6 面体（斜方面体とよぶ）を図の **p**, **q**, **r** だけ並進させれば，やはり元の構造が再現される．しかも，斜方面体の体積は図 2.2(a) の立方体の体積の 1/4 だから，これが本当の基本単位であるとも考えられる．しかしながら，NaCl の原子配列は，明らかに斜方面体よりも高い対称性をもっている．たとえば，原子配列を見ると x, y, z それぞれの方向は等価であるが，斜方面体ではただちにはそれが見えてこない．

このような考察から，結晶構造の議論は，3 つの段階に分けなければならないことがわかる．まず個々の物質の原子集団や分子を考える前に，大きさのない格子点の配列が作る「格子」を考察しよう．そこでは**空間格子（ブラベー格子）**という概念を学ぶ．その格子の基本となる構造を考えると，**単位格子**と**基本格子**の区別が登場する．最後に，その格子に原子，原子集団や分子を置くことを考察し，結晶構造を正確に記述するための**空間群**の概念を学ぶ．

空間格子（ブラベー格子）

結晶であるための並進対称性に，回転や鏡映などの点群対称性を加えて格子を区別すると，図 2.3 のように，3 次元では 7 種類の結晶系で 14 種の格子が区別でき，これ以外にはない．この 14 種の格子を**空間格子（ブラベー格子）**とよぶ．

それぞれの空間格子の形と対称性は明らかであるが，いくつか注意事項を挙げておこう．まず回転対称性を考えるとき，回転軸は格子点を通る必要はなく，どこにあってもよい．たとえば，正方格子の正方形の面に垂直な 180 度回転（2 回回転）軸は，格子点を通るもの，正方形の中心を通るもの，および正方形の辺のそれぞれ中点を通るものがある．また，六方格子は「六」というにもかかわらず，図 2.3 に描いた構造の基本単位（これを**単位格子**とよぶ）は破線をとり込んだ六角柱ではない．基本単位は，対称性を見やすく表しつつできるだけ小さくとるので，図の実線のように定めるのである．実際，六方格子は，120 度回転（3 回回転）対称性はもつが，60 度回転（6 回

10　2．固体の構造

(1) 立方晶系

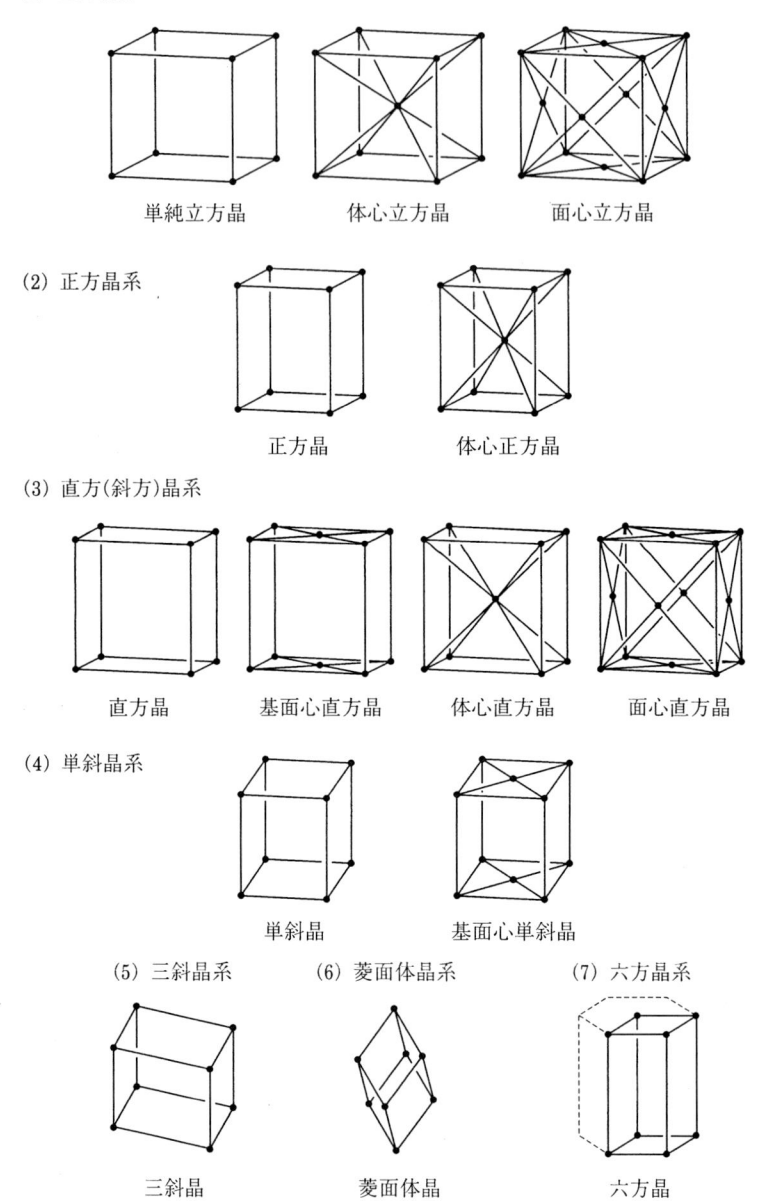

　　　　単純立方晶　　　体心立方晶　　　面心立方晶

(2) 正方晶系

　　　　正方晶　　　　体心正方晶

(3) 直方(斜方)晶系

　　　　直方晶　　基面心直方晶　　体心直方晶　　面心直方晶

(4) 単斜晶系

　　　　単斜晶　　　　基面心単斜晶

(5) 三斜晶系　　(6) 菱面体晶系　　(7) 六方晶系

　　　　三斜晶　　　　菱面体晶　　　　六方晶

図2.3　3次元結晶の空間格子

回転）対称性をもたないことがある．

単位格子と基本格子

結晶格子は構造の単位になる格子をくり返し並べたものである．この構造の単位を**単位格子**とよぶ．しかしながら前節でも触れたように，その定義は必ずしも厳密ではない．対称性をよく表しつつ，なるべく小さく定めればよい．したがって同じ結晶でも，場合によって異なる単位格子が使われることがある．

格子の構造の単位を厳密に定めるものは基本格子である．いく通りも考えられる単位格子のうち，最も小さな構造単位を**基本格子**とよぶ．たとえば，図 2.2 の NaCl の格子を考えよう．単位格子は，通常は，図 2.2(a) のような面心立方格子である．しかし，立方体の各面心の点も，対称性の意味で立方体の頂点と等価であるから，図 2.2(b) の太い実線のような斜方面体を単位とすることもできる．これが最小の単位格子であり，NaCl 結晶の基本格子である．

空間群

空間格子の格子点に，具体的に原子，原子集団や分子が配置されると，回転や鏡映などの点群操作を考えるとき，原子集団自身の対称性を考慮しなければならない．その結果，回転，鏡映，反転に加えて，らせんと映進という新たな対称操作が登場する．らせん対称操作とは，回転操作に続いて格子軸に平行で格子の長さより短い並進操作を行ったものである．映進操作は，鏡映操作に続いて，その鏡面に平行な並進操作を行ったものである．このような対称操作の全体を**結晶点群**という．ブラベー格子に結晶点群の対称性を加えると，全部で 230 種の格子が区別される．これらを 230 種の**空間群**とよぶ．

2.2.4 さまざまな物質の結晶構造

多彩な物性を示す結晶は，対称性の観点からは 230 の空間群のいずれかに

属する．面心立方晶の NaCl 型と体心立方晶の CsCl 型の構造はすでに上で見たので，ここではこれ以外のいくつかの代表的な結晶構造を見てみよう．

閃亜鉛鉱（ジンクブレンド）構造

図 2.4 のように，互いに対角線方向に 1/4 だけずれた 2 つの面心格子の格子点にそれぞれ Zn と S を置くと閃亜鉛鉱構造ができる．あるいは，1 つの面心格子の格子点に，Zn と S のペアをおいたと考えてもよい．半導体工業で使われる GaAs 結晶は，この構造をもつ物質の例である．原子が 4 つの等価な共有結合の腕をもっており，結

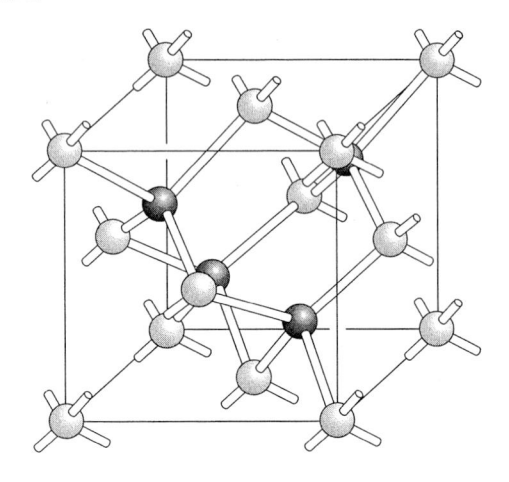

図 2.4 閃亜鉛鉱構造

合の腕は原子核を中心とする正 4 面体の頂点方向に伸びている．どの原子から見ても周りの原子配置は同一である．

ダイヤモンド構造

もっとも固い物質として有名なダイヤモンドは，閃亜鉛鉱構造のすべての原子位置に炭素原子を配置した結晶である．半導体として重要なシリコン Si やゲルマニウム Ge も同じ構造をもつ．

六方最密構造

原子が希ガス元素のように球形であったりあるいは球形に近いとき，高圧・低温のもとではパチンコ球をぎっしりつめたときのように，原子が密につまった構造ができるに違いない．この構造には 2 種類ある．ひとつは図 2.5 に示す六方最密構造であり，もうひとつは面心立方の構造である．

パチンコ球をぎっしりと 1 層並べると，三角格子ができる．次に第 1 層の三角格子の中央に第 2 層の玉をぎっしりと並べる．その上に第 3 層を並べる

とき，第1層の玉の真上に第3層の玉がくるようにおくと六方最密構造になり，下に1層，2層の原子がない位置に第3層の玉を並べると面心立方の構造ができる．

六方最密構造を作る物質には，ヘリウムのほか，ベリリウム，マグネシウムなどの金属などがある．温度と圧力域によって，面心立方や体心立方の構造に移り変る場合もある．

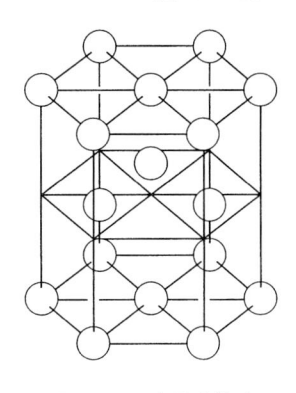

図 2.5 六方最密構造

§2.3 結晶の中の波動 —— ブロッホの定理

物質が電流を流したり，磁石になったりするような，さまざまな物性現象を担う基本粒子は，物質中の莫大な数の電子と原子核である．しかし，電子や原子核を単独で真空中に置いただけでは，決してこのような現象は起こらない．原子核が特定の配列構造を作り，多数の粒子がその中で相互作用をすることによって，多彩な物性現象が展開される．この節では，さまざまな物性現象において，結晶の周期構造，すなわち原子や分子の周期配列が果たす役割を，一般的な立場から見ておこう．

2.3.1 波数と固有状態

真空中の電子は，空間のどこにあっても状態は不変である．したがってハミルトニアンは，電子の運動量だけで $H = p^2/2m$ と書ける．これの固有関数として，電子の波動関数は $\phi(x) = \phi_0 \exp(ikx)$，$k \equiv p/\hbar$ と表すことができる．

もしこの電子波動が結晶中に入ると，規則配列をした原子や分子と相互作用をして回折や干渉が起こる．結晶中の電子波動は，単に1枚の回折格子で回折されて通過するのではない．絶えず回折・干渉をくり返している状態が結晶中での固有状態になるはずである．結晶中の電子の波動関数について，

ブロッホの定理（またはブロッホ - フローケの定理）とよばれる数学的な定理が成り立つ．

結晶中の電子は原子や分子とさまざまな相互作用をするが，その中で最も基本的なものは，原子・分子の規則配列が作るポテンシャル $V(x)$ との相互作用である．原子・分子の規則配列の周期が a，つまり結晶の格子定数が a であるとき，このポテンシャル $V(x)$ は周期 a の周期関数である．したがって，ハミルトニアンは次のように書ける．

$$H = \frac{p^2}{2m} + V(x), \quad V(x+a) = V(x) \qquad (2.1)$$

ブロッホの定理によれば，このハミルトニアンの固有関数 $\phi(x)$ は次のように書ける．

$$\phi(x) = \phi_0 \exp(ikx) u_k(x), \quad u_k(x+a) = u_k(x) \qquad (2.2)$$

図 2.6 に例を示すように，波動関数は波数 k の平面波と，結晶ポテンシャルと同じ周期をもつ関数 $u_k(x)$ の積の形をもつ．この形をもつ関数を**ブロッホ関数**といい，電子状態を真空中の自由電子状態と区別して**ブロッホ電子状態**とよぶ．

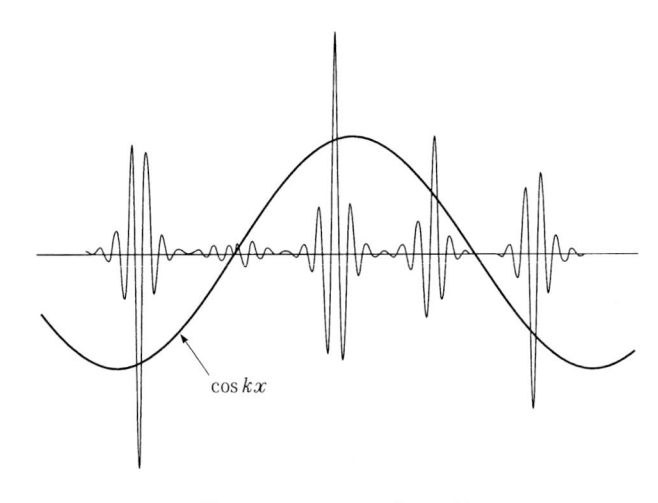

図 2.6 ブロッホ関数の一例

ブロッホ状態の電子波動は，波数 k と関数の形 $u(x)$ で指定することができるが，波数 k は，その逆数（$\times 2\pi$）が波長を与えるとはいえないことに注意しよう．なぜなら，関数 $u_k(x)$ は一般に波数 k で書けるような周期性をもたないからである．

2.3.2 ブリユアン域

ブロッホ状態を指定する波数 k はさまざまな値をとりうるが，次のような周期性をもつ．ブロッホ状態の電子波動関数を $\phi(x) = \exp(ikx)u_k(x)$ と書くと，ポテンシャル周期を a として，$u_k(x+a) = u_k(x)$ である．ここで，$\phi(x)$ を次のように書き直すことができる．

$$\begin{aligned}\phi(x) &= \exp(ikx)u_k(x) \\ &= \exp\left\{i\left(k+n\frac{2\pi}{a}\right)x\right\}\exp\left(-in\frac{2\pi}{a}x\right)u_k(x) \\ &= \exp\left\{i\left(k+n\frac{2\pi}{a}\right)x\right\}v(x)\end{aligned} \tag{2.3}$$

ここで n は任意の整数である．新たに導入した関数 $v(x)$ は，あきらかに周期 a の周期関数だから，このブロッホ電子の波数は，k といってもよいし $k+2n\pi/a$ といってもよい．

ブロッホ電子の波数には $2\pi/a$ の整数倍だけの任意性があるから，波数軸を $2\pi/a$ の幅の区間に区切ることができ，これらの区間を一般にブリユアン (Brilluion) 域とよぶ．$-\pi/a \sim \pi/a$ の区間を基本域とすることが多く，この基本域を第 1 ブリユアン域という．そのひとつ外側の，$-2\pi/a \sim -\pi/a$ と $\pi/a \sim 2\pi/a$ を合わせて第 2 ブリユアン域とよぶ．同様に，第 3，第 4，$\cdots$ ブリユアン域を定めることができる．

図 2.7 のように，どれかのブリユアン域にある波数は，波数に $2\pi/a$ の適当な整数倍を加えたり引いたりすることによって，第 1 ブリユアン域に還元することができ，ブロッホ電子の波数状態を第 1 ブリユアン域の中だけで表

16 　2. 固 体 の 構 造

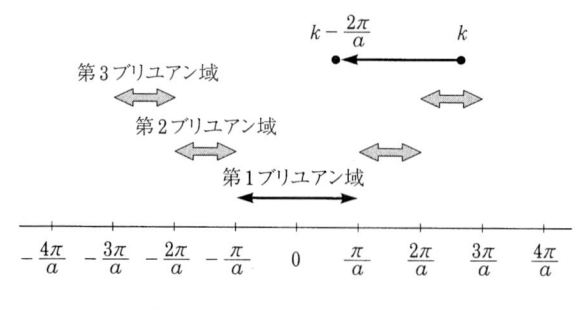

図2.7　1次元のブリユアン域

現することができる．これを還元域の方法という．

　ところで，ブロッホ電子の波数は $2\pi/a$ の周期をもつとも言える．だから，第1ブリユアン域に還元した表現を $2\pi/a$ の周期でくり返しても差し支えない．これをくり返し域の方法という．また，還元やくり返しをしないで，波数を $-\infty \sim \infty$ の区域で単純に表現することもでき，これを拡張域の方法という．これらは単に表現方法の違いに過ぎないから，場合に応じて便利なものを使えばよい．

　上では問題を1次元で扱ったが，実際の物質を扱うときは結晶格子のポテンシャルは3つの独立な軸方向に周期 a, b, c をもつ．電子の波数もベクトルとなり，3つの方向のポテンシャル周期に関して上と同じことが言える．ブリユアン域は3次元の箱型の区域になる．

2.3.3　逆 格 子

　結晶格子ポテンシャルの周期に対応して，ブロッホ電子の波数も周期性をもつ．格子定数 a の1次元結晶の場合，ポテンシャル周期 a に対応して波数軸の周期は $2\pi/a$ である．言い換えれば，実空間の格子に対応して波数空間にも格子を考えることができ，その格子の一つ一つがブリユアン域になる．このような格子を逆格子という．波数が実空間の長さの逆数の次元をもつからである．

§2.3 結晶の中の波動——ブロッホの定理

　3次元の現実の物質では，たとえば直方格子（斜方格子）のように3つの結晶軸 a, b, c が直交する場合，逆格子の3つの軸も直交して，その長さが $2\pi/a$, $2\pi/b$, $2\pi/c$ となることはほとんど自明である．では軸が直交しない一般の場合はどうなるだろうか．電子の波動関数は，

$$\phi(r) = \exp(i k \cdot r) u_k(r), \quad u_k(r + l a + m b + n c) = u_k(r) \tag{2.4}$$

と書ける．l, m, n は任意の整数である．ここで，ある波数ベクトル G を導入し，

$$\begin{aligned}\phi(r) &= \exp(i\{k + G\} \cdot r) \exp(-i G \cdot r) u_k(r) \\ &= \exp(i k + G \cdot r) v_k(r)\end{aligned} \tag{2.5}$$

の新たな関数 $v_k(r)$ が，a 軸方向について $v_k(r + a) = v_k(r)$，b 軸方向について $v_k(r + b) = v_k(r)$，c 軸方向について $v_k(r + c) = v_k(r)$ の性質をもつならば，前節と同様に考えて，第1ブリユアン域は波数ベクトル G で定められる．そのような G は，

$$G = l' \frac{2\pi [b \times c]}{a \cdot [b \times c]} + m' \frac{2\pi [c \times a]}{b \cdot [c \times a]} + n' \frac{2\pi [a \times b]}{c \cdot [a \times b]} \tag{2.6}$$

であればよい．つまり，3次元波数空間の逆格子の3つの主軸は，

$$a^* = \frac{2\pi [b \times c]}{a \cdot [b \times c]} \tag{2.7}$$

$$b^* = \frac{2\pi [c \times a]}{b \cdot [c \times a]} \tag{2.8}$$

$$c^* = \frac{2\pi [a \times b]}{c \cdot [a \times b]} \tag{2.9}$$

である．

演習問題

[1] ブロッホ電子の波動関数が (2.2) のように書けることを示せ．

[2] ブロッホ電子の波動関数をポテンシャル周期 a だけ平行移動したものは，元の波動関数に位相因子 $\exp(ika)$ を掛けたものに等しいことを示せ．（逆に，このような性質をもつ関数はブロッホ関数であることを示すことができる．）

[3] 格子ベクトルと逆格子ベクトルとが次の直交関係を満たすことを示せ．
  (a) $\boldsymbol{a}\cdot\boldsymbol{a}^* = 2\pi$
  (b) $\boldsymbol{a}\cdot\boldsymbol{b}^* = 0$
  (c) $\boldsymbol{a}\cdot\boldsymbol{c}^* = 0$

[4] 一般に $2\pi/|\boldsymbol{a}^*|$ は，$\boldsymbol{b}$ と $\boldsymbol{c}$ で張られる面の面間隔に等しいことを示せ．

準 結 晶

物質が結晶である条件は，決まった長さでの並進対称性をもつことである．回転対称性などはなくてもよい．実際，もっとも対称性が低い三斜晶の結晶では，並進以外には回転，反転などの他の対称性をもたない結晶がある．ところが，回転対称性はもつが並進対称性をもたない固体がある．それは**準結晶**とよばれる．

準結晶は 5 回回転の対称性をもつが，並進対称性をもたない．しかしながら，とにかく原子が規則的に配列しているので，第 8 章で学ぶ X 線回折などでは，あたかも 5 回回転の対称性をもつ結晶であるかのような回折パターンが見られる．5 回回転の対称性で原子を規則配列させるという問題は，ちょうど，数種類のタイルで平面を埋め尽すことができるかという「タイル貼り」の問題の一部と同じであり，数学では「ペンローズ・タイル貼り」の問題としてよく知られている．準結晶とは，いわば単位胞の大きさが無限大になった結晶と思えばよい．原子は規則的に配列されるが，同じ配列ターンをくり返さないので並進対称性がない．フィボナッチ数列もこれと似ていて，数値配列の規則はあるがパターンをくり返すことがない．

3 伝導電子の基本的性質

 導体に電流を流すと，電流の流れの方向に沿って電位差が生じる．逆に導体の2点の間に電圧を加える，つまり電位差を生じさせると，電流が流れる．オームの法則は，電流と電位差の間の比例関係を表現したものである．

 導体にこのような電気伝導が起こるのは，導体中を流れる電子があるからである．動き回る電子はどのような運動の法則にしたがい，どのような性質をもつのか．もともとは原子核の周りに捕えられていたはずの電子が，どのようにして物質中を動き回れるようになるのか．

 本章ではこのような伝導電子の問題を考えていくための第一歩として，まず伝導電子があるものとして，それがどのような性質をもつかを考えていこう．

§3.1 電気伝導

3.1.1 オームの法則

 オームの法則によれば，電気伝導において電流と電位差は互いに比例する．しかし，実際の電気伝導では厳密な比例関係は成り立たないし，場合によっては電位差を増すと電流が減少することさえある．とはいっても，多くの物質では近似的にオームの法則が成り立つことは言うまでもない．

 電流 I は電位差 V で決まるから，$I = I(V)$, $I(0) = 0$ である．$I(V)$ を V で展開して，$I = I'V + (1/2)I''V^2 + \cdots$ と書ける．右辺の第 2 項以後を無視して線形近似できるとき，電流と電位差の間には比例関係が成り立

つ．これがオームの法則にほかならない．このとき物質に電位差を加えると，それに比例した電流が流れる．このように外場に対する系の応答を比例関係で近似して理解することができる．これを一般に**線形応答**の考え方という．オームの法則は電気伝導における線形応答を法則化したものである．（圧力と圧縮率の関係，磁性体の磁場と磁化の関係など，多くの現象で普遍的に線形応答が成り立つ．）

3.1.2 電気伝導率と抵抗率

オームの法則が成り立つとき，ひとつの導体に流れる電流 I と電位差 V には比例関係が成り立つ．しかしその比例係数は導体の形や大きさに依存するから，そのような依存性を除いて物質固有の性質を表すために，次のように**電気伝導率** σ と**電気抵抗率** ρ を定める．

$$j = \sigma E \tag{3.1}$$

$$E = \rho j \tag{3.2}$$

ここで j は，物質中のある 1 点において，電流に垂直な面を通過する電流の単位面積当りの大きさ，つまり電流密度であり，E はその点における電場である．これが物質固有の電気伝導を表すオームの法則の表式である．ここで，物質固有の電気伝導率・電気抵抗率は物質の各点での局所的な電流密度と電場で表現されていることに注意しよう．（一般には非局所的な電気伝導もありうる．）また，電流や電場は本来はベクトル量だから，上の表式も厳密にはベクトルとベクトルの比例関係を表すことになり，σ や ρ はテンソル量となる．特定の方向や特定の面内でだけ電流がよく流れるような性質をもつ異方性導体，低次元導体では，このことが大事になる．ただし以下では特に断らない限り，σ と ρ が方向によらない，等方性導体を考える．

物質固有の電気伝導率・電気抵抗率を測定するには，図 3.1(a) のように直方体に整形した試料のひとつの辺（長さ l）に平行に電流 I を流し，その方向への電位降下 V を測定すればよい．試料が一様であれば，電場は $E =$

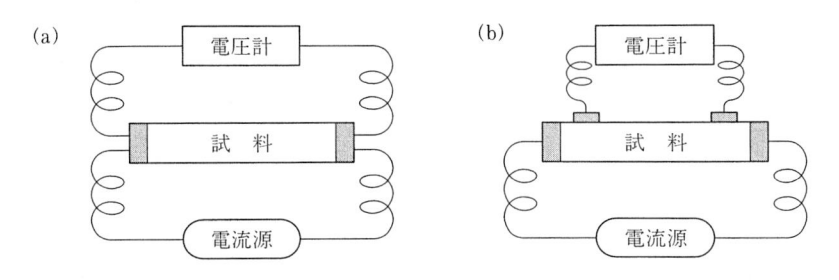

図3.1 電気伝導率の測定法

V/l であり，電流密度は $j = I/S$ で得られる．ただし，S は試料断面の面積である．ここで実験上の2つの注意点をあげておこう．第1は，試料の断面の中を電流が一様に流れるように電極をつけることである．このために，たとえば試料の両端面に金などの金属を薄く蒸着し，それに測定のリード線をつける．第2は，電位差の測定にあたって，**4端子法**とよばれる測定法を用いることである．図3.1(a)のように配線して電位差を測定すると，上に述べた金などの電極および電極と試料との接触面を含んだ全体の電位差が測定されてしまう．必ずしもそれが試料の端面間の電位差に等しいわけではない．そこで，図3.1(b)のような配線によって試料の途中の2点に電圧測定端子を取りつけて電位差を測定し，それを電圧端子間の距離で割って電場を求める．精密な電圧測定器を使えば，電圧測定端子での電流の出入りを無限小にできるから，電圧測定電極での余分な電位差を排除できる．

§3.2 電気伝導の古典粒子モデル

3.2.1 気体分子運動論

電子の運動を古典力学で考察してみよう．電気伝導を担う電子は，気体分子の運動に似て，1個1個の電子が勝手な方向にさまざまな速さで運動しており，外場がないときは平均としての流れはなく電流はゼロである．電場 E のもとで電子は $-e\boldsymbol{E}$ の力を受けて加速されるが，同時に，物質の結晶格子の乱れや，原子の熱振動などさまざまな要因によって散乱される．散乱

は摩擦力の役割を果たし，それが電場による力とつり合ったところで，定常的な流れが生じる．この考え方は，ちょうど，空気中を落下する雨滴の終端速度の考察と同じである．

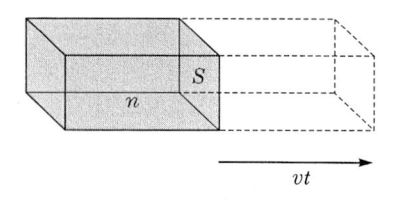

図3.2 電子集団の流れ

数密度 n の電子系が平均として速度 v で定常的に流れるとすると，図3.2のように考えて，断面積 S の面を t の時間のうちに通過する電気量は，$-envtS$ である．したがって，電流密度は $j = -env$ である．次節では散乱による摩擦力をもう少しミクロに検討し，速度 v と電場 E の関係を調べよう．

3.2.2 散乱緩和時間

質量 m の電子が電場による $-eE$ の力を受けて加速され，2τ 程度の時間がたつと散乱されて加速によって得た速度 $-2eE\tau/m$ を失うとしよう．この時間 τ を**散乱緩和時間**とよぶ．

この間の運動の平均速度は $-eE\tau/m$ であるから，これが前節で考察した定常状態での電子系の流れの速度 v であるに違いない．したがって，前節で求めた電流密度は次のように書き直せる．

$$j = -env = -en\frac{-eE\tau}{m} = \frac{ne^2\tau}{m}E \tag{3.3}$$

したがって，電気伝導率 σ は，

$$\sigma = \frac{ne^2\tau}{m} \tag{3.4}$$

となる．

この考察では，電子が加速されて自由に走る時間を 2τ とし，τ を散乱緩和時間とよんだ．この因子 2 は上のようなモデルで考察したために出てきたもので，本質的な意味はないことを注意しておこう．実際，電子の速度に関

する運動方程式を書き下すと，

$$m\frac{d\bm{v}}{dt} = -e\bm{E} - m\gamma\bm{v} \tag{3.5}$$

である．γは速度に比例する摩擦力を表す係数であり，時間の逆数の次元をもつ．そこで，$1/\gamma \equiv \tau$とおいてみると，上の考察と同じ結論が得られる．これが散乱緩和時間τの定義である．上のモデルでは2という係数がついたが，本質的には，電子が電場によってτ程度の間は自由粒子として加速されることを意味する．

§3.3 自由電子モデル

3.3.1 平面波モデル

結晶中の電子状態を量子力学的に扱う最も簡単な方法は，結晶格子の周期ポテンシャルの大きさを無限小とみなし，ハミルトニアンを，

$$H = \frac{p^2}{2m} \tag{3.6}$$

として，波動関数を自由空間の平面波$\phi = \phi_0 \exp(ikx)$で表現することである．ただし，電子がブロッホ電子であってブリユアン域などの考え方が成り立つことにする．実際，この波動関数はブロッホ電子の波動関数の特別の場合に当っている．

この電子状態の波数はk，運動量は$p = \hbar k$，エネルギーは$\hbar^2 k^2/2m$である．エネルギーと波数の関係，すなわち分散関係は図3.3のように放物線で表せる．波数k付近の平面波を重ねて作った波束の群速度v_gは，$v_g = \partial E/\hbar \partial k = \hbar k/m$である．

結晶中に電子が1個しかないときは以上の考察で十分である．たとえば，波数$k = 0$で静止し

図3.3 自由電子の分散関係

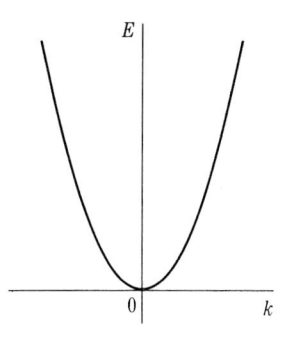

ている電子が電場によって加速されると，図 3.3 の分散関係にしたがってエネルギー，波数，群速度が増大していく．しかし物質中には多数の電子があり，さまざまな物性の観測量はその統計平均である．そこでフェルミ粒子である電子の統計性が大事になる．電場がないときに，すべての電子が $k=0$ の最低エネルギーの状態になることはできない．また，電場による加速などで，ひとつの電子が状態を変えようとしても，行き先の状態が他の電子で占められていると，電子は状態を変えることができない．この統計性を取り入れるためには，電子状態を波数 k で区別する方法に工夫が必要になる．その代表的な方法が次に述べる周期的境界条件の方法である．

3.3.2 周期的境界条件

上の考察では，波数 k は任意の連続値をとることができるが，このままではさまざまな物理量を具体的に計算することができない．そこで，電子状態に関して**周期的境界条件**を適用しよう．

電子が $x=0$ から $x=L$ までの長さ L の区間の中にあるとし，$x=0$ と $x=L$ とは同等であるとする．波動関数は $\phi(0)=\phi(L)$ であり，その導関数も同様に $x=0$ と $x=L$ とで等しい．そうすると，

$$\phi(0)=\phi_0\exp(0)=\phi(L)=\phi_0\exp(ikL) \tag{3.7}$$

だから，$kL=2l\pi$，すなわち，

$$k=\frac{2\pi}{L}l \tag{3.8}$$

となる．l は任意の整数である．波数 k は $2\pi/L$ をきざみとする とびとび の値をとることになる．

周期的境界条件の採用によって波数の値がとびとびになったが，これはいわゆる量子化とは関係がないことに注意しよう．実際，とびとびのきざみが普遍的な大きさではなく，任意の長さ L で決まっている．また，この長さ L は一般には結晶の実際の長さとも関係がない．観測可能な物理量を計算

§3.3 自由電子モデル　25

すると，結局，L は消えてしまい，L は単に途中の計算のための道具であることがわかる．ただし，長さが数十 Å 程度のきわめて小さい結晶の電子状態を考えるときは，この L を結晶サイズに等しくおいて，現実的な意味をもたせることができる．もっとも，そのときは周期的境界条件ではなく長さ L の区間の箱の中に閉じ込められた電子状態を考えるのが自然であるが，その場合も，波数がとびとびになることは言うまでもない．

3.3.3 フェルミ準位とフェルミ波数

長さ L の区間に適用した周期的境界条件により，電子の波数は図 3.4 に示すように $2\pi/L$ を単位とするとびとびの値をとる．ひとつの状態を占めるのは互いに逆向きスピンをもつ 2 個の電子だけであり，熱平衡状態で多数の電子はこの条件を満たしつつ安定な状態を作る．図 3.4 のように，絶対零度では全エネルギーが最低になるように，電子は波数が $-k_F \sim k_F$，エネルギーが E_F までの状態を占めるであろう．これはフェルミ縮退の状態である．k_F を

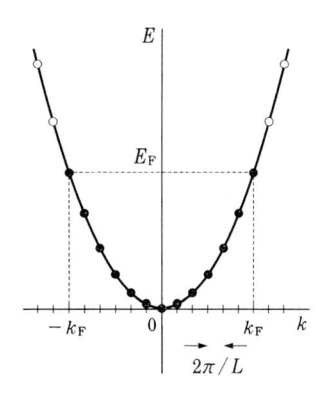

図 3.4　周期的境界条件を導入した分散関係

フェルミ波数，E_F を**フェルミポテンシャル**とよぶ．また，フェルミポテンシャルの状態のエネルギー準位を**フェルミ準位**という．さらに $p_F \equiv \hbar k_F$ を**フェルミ運動量**，$k = k_F$ での群速度 v_F を**フェルミ速度**とよぶ．

電気伝導率や磁化率など，電子系のわずかな励起に起因する物性を考えるに当って，フェルミ準位におけるエネルギーや波数が大事な役割を演じる．なぜなら，外部から電場を加えたり熱エネルギーを与えて，電子のエネルギーをわずかだけ変化させようとするとき，電子系の状態変化は，フェルミ準位の付近でだけ起こるからである．それより十分エネルギーの低い状態は，エネルギーが少し高い状態がすべて他の電子によって占有されているから，

励起されることができない．

　ここに登場したフェルミ波数などのフェルミ準位に関係する量を求めよう．温度は絶対零度とする．物質の電子密度が n であるとき，周期的境界条件の長さ L の区間には $N = nL$ 個の電子がある．最初の 2 個の電子は，互いに逆向きのスピンをもって波数 $k = 0$ の最低エネルギーの状態を占める．次の 4 個は，同様にして $k = 2\pi/L$ と $k = -2\pi/L$ の状態を占めるであろう．このようにして $N = nL$ 個の電子が，波数軸の長さ $2k_F$ の区間で，エネルギー E_F までの状態を占有する．長さ $2k_F$ の区間にある状態数は，区間の長さをきざみの大きさで割って，$2k_F/(2\pi/L) = k_F L/\pi$ となる．これだけの状態にスピンの向きが逆の 2 個ずつの電子が入るから，電子数は $2k_F L/\pi$ である．これが $N = nL$ に等しいから，

$$k_F = \frac{\pi n}{2} \tag{3.9}$$

となる．フェルミポテンシャル E_F，フェルミ運動量 p_F およびフェルミ速度 v_F は，この k_F を用い，電子密度 n の関数としてつぎのように表せる．

$$E_F = \frac{\pi^2 \hbar^2}{8m} n^2 \tag{3.10}$$

$$p_F = \frac{\pi \hbar}{2} n \tag{3.11}$$

$$v_F = \frac{\pi \hbar}{2m} n \tag{3.12}$$

　これらの量は，一般に電子密度が高いほど大きいことがわかる．エネルギーが E_F 以下の状態はすべて占有され，それ以上の状態には電子は存在しない．これは電子がフェルミ分布をし，絶対零度では完全にフェルミ縮退をしているからである．温度が有限で T であれば，E_F 付近の状態は $k_B T$ 程度の熱エネルギーの励起のもとで熱平衡状態にある．したがって，フェルミ縮退は不完全になり，E_F 付近で幅 $k_B T$ 程度の範囲にある状態の占有確率は 0 と 1 の中間の値をとる．もし $k_B T \ll E_F$ ならばフェルミ縮退はほぼ完全で

あるが，$k_\mathrm{B}T \gg E_\mathrm{F}$ の場合は電子系はフェルミ統計というよりむしろボルツマン統計にしたがう古典的な性質を示す．

さて，いまの計算は1次元の場合のものであるから，次では2次元，3次元の場合を考察しよう．

3.3.4 フェルミ面

系の次元が2次元で，2次元面内で電子状態が等方的であるとき，波数ベクトルの x 成分 k_x, y 成分 k_y を用いて，エネルギーは

$$E = \frac{\hbar^2(k_x{}^2 + k_y{}^2)}{2m} \tag{3.13}$$

と書ける．分散関係のグラフは放物線ではなく，図3.5のような放物面である．

電子密度とフェルミポテンシャルやフェルミ波数の関係を求めよう．x 方向の長さ L_x, y 方向の長さ L_y の領域に対して周期的境界条件を適用する．波数軸は k_x 方向と k_y 方向にそれぞれ $2\pi/L_x$, $2\pi/L_y$ のきざみでとびとびになり，面積 $(2\pi)^2/L_xL_y$ の領域の中にひとつの状態がある．

エネルギーがフェルミ準位 E_F にある電子状態の波数は，図3.5のように波数空間の2次元面内で円を描くであろう．この円の半径が2次元系でのフェルミ波数の大きさである．この円の中にある状態のエネルギーは E_F 以下であり，すべて占有される．円内の状態数は $\pi k_\mathrm{F}{}^2/\{(2\pi)^2/L_xL_y\}$ であり，これらを占有する電子数はその2倍になる．一方，2次元結晶の単位面積当りの電子

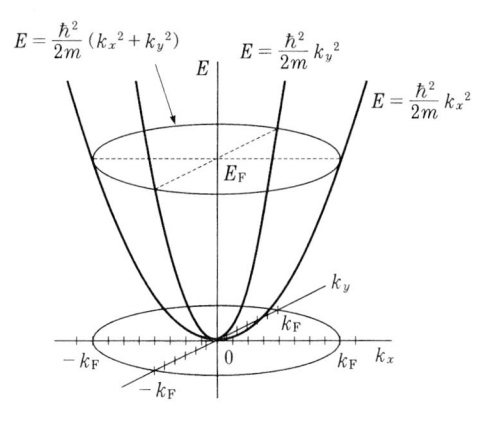

図3.5 等方的2次元自由電子の分散関係とフェルミ円

密度を n とすると，面積 L_xL_y の領域の中には $N=nL_xL_y$ 個の電子がある．したがって，$2\pi k_F^2/\{(2\pi)^2/L_xL_y\}=nL_xL_y$ となり，

$$k_F=\sqrt{2\pi n} \tag{3.14}$$

が得られる．等方的2次元では，フェルミ波数 k_F は電子密度の平方根に比例することがわかる．

3次元でも同様に考えてよいが，波数が k_x, k_y, k_z と3つ登場するから，分散関係の表現は，エネルギー軸を加えて4次元になり，簡単に図示することはできない．等方的な3次元系では，絶対零度で電子系は図3.6のように $E_F=\hbar^2(k_x^2+k_y^2+k_z^2)/2m$ で表される球の内部の状態を占有する．球の半径がフェルミ波数 k_F である．

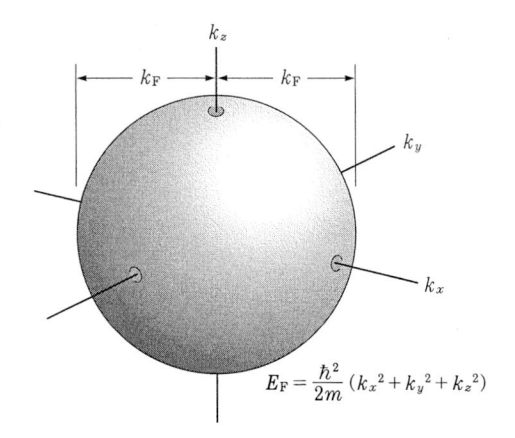

図3.6 等方的3次元自由電子のフェルミ面

電子密度とフェルミ波数の関係を計算すると，

$$k_F=(3\pi^2 n)^{1/3} \tag{3.15}$$

が得られる．等方的3次元では，フェルミ波数 k_F は電子密度の3乗根に比例することになる．

以上のように，各次元でフェルミ縮退した電子系の状態占有の様子は，$E=E_F$ を満たす波数ベクトルの終点の描く図形で表現できる．この図形を一般に**フェルミ面**とよぶ．等方的3次元ではフェルミ面は球面である．等方的2次元ではフェルミ面は正確にいえばフェルミ円周であり，1次元では正確にはフェルミ点というべきであろう．

先に述べたように，伝導電子系の物性を支配するのは，フェルミポテンシ

ャル付近にある電子だから，電子の物性を理解する上で，そのような電子の波数状態を表現しているフェルミ面の形状が重要である．

結晶の周期ポテンシャルの存在を考慮すると，以上の考察には修正が必要になる．フェルミ波数 k_F は電子密度の増加関数であるが，電子密度を増すとフェルミ波数がどこまでも増え，3次元ならばフェルミ球はどこまでも大きくなるというわけにはいかない．それは，ブロッホ電子の性質がもたらすブリユアン域が存在するからである．等方的2次元電子を例にとって考えてみよう．正方格子の格子定数を a とする．電子密度が増大して k_F が第1ブリユアン域の x 軸方向（および y 方向）の端に到達するときは $k_F = \pi/a$ である．$k_F = \sqrt{2\pi n}$ だから，このときの電子密度は $n = \pi/2a^2$ である．電子密度がこれを超えると，図3.7のようにフェルミ面は隣の第2ブリユアン域に入っていく．第2ブリユアン域の電子の波数ベクトル k は，還元域の表示方法では，x 方向または y 方向の逆格子ベクトルの整数倍だけ引き算して第1ブリユアン域にもち込んでよい．還元域の方法で描いたフェルミ面は外に凸の部分と，内に凸の部分の2種類に分かれる．フェルミ面がブリユアン域の境界と交わるところでは，フェルミ面が曲がってブリユアン域の境界と直交するようになるが，本書ではその証明には触れない．

図3.8は，この分散関係を k_x 方向と対角線方向について描いたものである．k_x 方向には第1ブリユアン域の端までが完全に占有され，さらに第1ブリユアン域に還元されたところにフェルミ準位がある．これに対し，対角線方向にはフェルミ面は第1ブリユアン域の内部にとどまっている．

電子密度がさらに増大すると，フェ

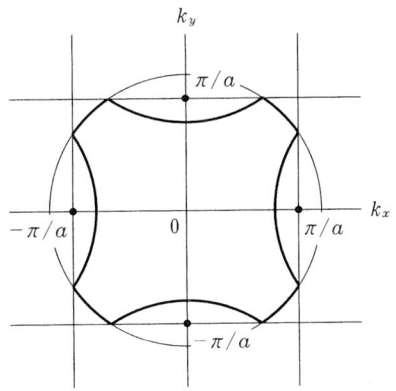

図 3.7 第1ブリユアン域をはみ出した2次元電子系のフェルミ面

30 3. 伝導電子の基本的性質

ルミ面は第2,第3ブリユアン域にも入っていき,還元域の方法で分散関係を表現すると,何組もの分散関係の曲線が現れる.

3.3.5 電気伝導の自由電子モデル

前節では電気伝導を古典モデルで考察したが,この節では電子系を量子力学とフェルミ統計を使って表せるようになった.量子力学的に電気伝導を考察しよう.

電気伝導が起こっている状態は非平衡状態だから,シュレーディンガー方程式だけで考察す

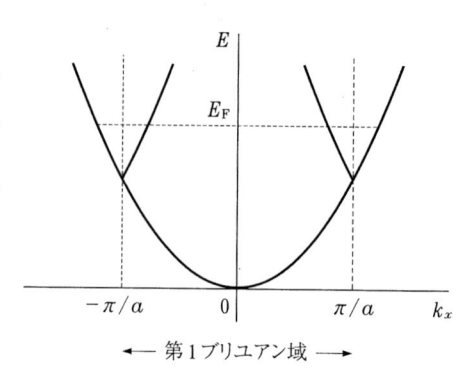

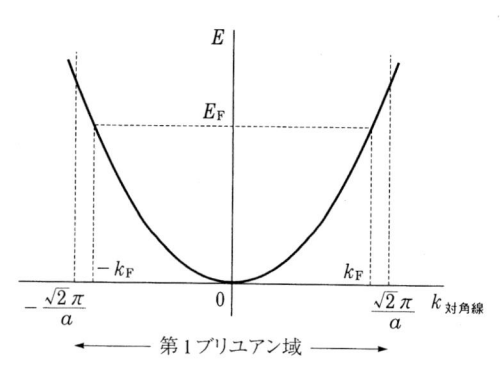

図3.8 ブリユアン域の異なる方向への分散関係

ることは困難である.純量子力学的に電気伝導を考察する方法は本書の水準を越えているので,ここでは,やや天下りであるが半古典的な方法を用いよう.すなわち,1) 電子状態を量子力学的に波数で表現するが,「波数 k の電子」というときは,その電子が平面波的に結晶全体に一様に広がっているのではなく,波数 k 付近の波を重ね合わせた**波束**として空間のある範囲に局在しているものとする.これは古典描像の粒子に対応するはずである.
2) その運動については,ニュートンの運動方程式に準じ,外力 F に対して

$$\frac{\hbar\, d\boldsymbol{k}}{dt} = \boldsymbol{F} \tag{3.16}$$

§3.3 自由電子モデル　31

で表せるであろう．

　問題を簡単にするために，1次元電子系を考えよう．電場や磁場がないとき，十分低温の金属状態の電子はフェルミ縮退をして，図3.9(a)のように$k = -k_F$からk_Fまでを占めている．波数kの電子の速度（群速度）は，$v = \partial E(k)/\hbar \partial k$で与えられる．個々の電子はこの速度で運動をするが，波数空間での電子の分布は$k < 0$と$k > 0$で対称的だから，速度vの電子があれば必ず$-v$の電子もある．全体の平均値としての電荷の流れ，すなわち電流はゼロである．空気中の分子は勝手な方向に運動をしているが，外力が加わらなければ，全体としての流れ，つまり風がないのと同じである．

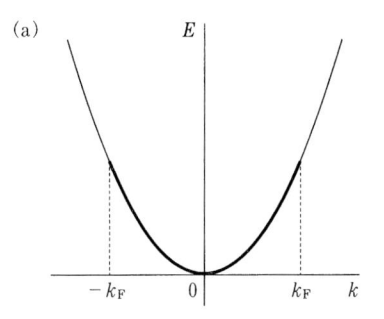

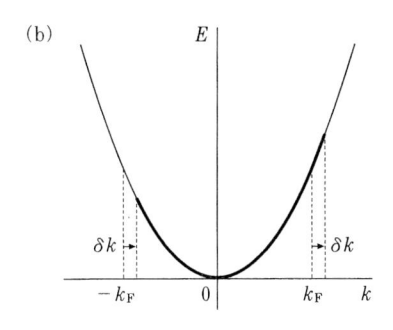

図3.9　電場の下での電子系の状態占有 (a) ゼロ電場，(b) 有限の電場

　この電子系に電場が加わると，それぞれの電子は上に掲げた波数に関する運動方程式（3.16）にしたがって，その波数を変化させる．微小時間τの後に，電子の波数は図3.9(b)のように$\delta k = (-e)E\tau/\hbar$だけ変化している．このとき，電子の速度分布の平均値は，

$$\delta v = \frac{\hbar \, \delta k}{m} = -e\frac{E\tau}{m} \qquad (3.17)$$

となり，電流が流れている．さて，時間がτ程度たつと電子が不純物や格子の乱れによって散乱され，それまでに獲得した速度を失ってしまって，それ以上には波数の変化は進行しないと考えられる．その間に電子が動いた距離を平均自由行程と言い，その大きさは$v_F\tau$程度である．v_Fが登場するの

は，実際に波数を変化させる電子はフェルミポテンシャル付近の電子だからである．散乱された電子は，フェルミ統計にしたがって，図に例を示したように波数空間の反対側の空いた状態に遷移すると考えられる．なぜなら，不純物や格子乱れによる散乱は準弾性散乱と考えられ，エネルギー変化がきわめて小さいからである．したがって，図 3.9(b) の状態は，電場のもとで一定の電流が流れている定常状態を表していると考えられる．

このときの電流を計算しよう．電子集団の流れの平均速度は上の δv だから，これによる電流密度は，

$$j = n(-e)\delta v = \frac{ne^2\tau E}{m} \tag{3.18}$$

となる．したがって，電気伝導率 σ は

$$\sigma = \frac{ne^2\tau}{m} \tag{3.19}$$

である．これはフェルミ縮退をした電子系，つまり金属の電気伝導率の表式として大変重要なものである．伝導を妨げる散乱のプロセスが単一の散乱緩和時間 τ で記述できるという仮定に立っているので，これを緩和時間近似による電気伝導率の表式という．以上では，電子系のフェルミ縮退という量子力学的扱いをしたにもかかわらず，古典粒子モデルで導いた表式と一致する結果が得られたことは興味深い．

§3.4 比熱と磁化率

伝導電子をもつ金属性物質は特有の比熱と磁化率をもつ．これらはある物質が金属的かどうかを判定する上で大事であるだけでなく，その大きさが以下に見るように伝導電子の量子状態を反映しているので，電子状態を探る上で基本的に大事な物理量である．比熱と磁化率という巨視的な物理量でミクロな電子状態を探ることができる．

3.4.1 電子比熱

比熱とは，物質に加えた微小熱量とそのことによる温度のわずかな上昇との比である．物質に微小な熱 δQ を加えると，そのエネルギーが結晶格子に δQ_L，電子系に δQ_e だけ配分され，物質の温度は δT だけ上がって熱平衡に達する．$\delta Q_L/\delta T$ を格子比熱とよび，$\delta Q_e/\delta T$ を電子比熱という．格子比熱については第 8 章で学ぶので，ここでは電子比熱 $C_e \equiv \delta Q_e/\delta T$ を考えよう．

伝導電子系のもつエネルギー（内部エネルギー）を U，エネルギー E における状態密度を $D(E)$，フェルミ分布関数を $f(E)$ とすると，

$$U = \int_0^\infty E D(E) f(E) \, dE \tag{3.20}$$

である．伝導電子系に熱 δQ_e が与えられて，内部エネルギーが $\delta U = \delta Q_e$ だけ増加するとき，比熱は

$$C_e = \frac{\partial U}{\partial T} = \int_0^\infty E D(E) \frac{\partial f}{\partial T} \, dE \tag{3.21}$$

となる．

ここで計算の便宜のために，少し技巧を使う．伝導電子系の全電子数を N とすると，

$$N = \int_0^\infty D(E) f(E) \, dE \tag{3.22}$$

だから，両辺に E_F を掛けてからさらに両辺を温度 T で微分すると，

$$0 = \int_0^\infty E_F D(E) \frac{\partial f}{\partial T} \, dE \tag{3.23}$$

である．これを上の C_e の表式から辺々引くと，

$$C_e = \int_0^\infty (E - E_F) D(E) \frac{\partial f}{\partial T} \, dE \tag{3.24}$$

が得られる．低温でフェルミ縮退が十分であれば，フェルミ分布 $f(E)$ の温度変化は，フェルミ準位の付近でだけ値をもつに違いない．状態密度 $D(E)$ が E_F 付近で特異性をもたないなら，上の積分の中の $D(E)$ を $D(E_F)$ で置

き換え，積分の外に出してよかろう．したがって，

$$C_e = D(E_F) \int_0^\infty (E - E_F) \frac{\partial f}{\partial T} dE \tag{3.25}$$

フェルミ分布関数 $f(E) = 1/\{\exp(E-\mu)/k_B T + 1\}$ は，十分低温なら $\mu \cong E_F$ としてよいから，

$$\frac{\partial f}{\partial T} = \frac{E - E_F}{k_B T^2} \frac{\exp\{(E-E_F)/k_B T\}}{\exp\{(E-E_F)/k_B T\} + 1} \tag{3.26}$$

となる．したがって比熱は，

$$C_e = D(E_F) \frac{1}{k_B T^2} \int_0^\infty (E - E_F)^2 \frac{\exp\{(E-E_F)/k_B T\}}{\exp\{(E-E_F)/k_B T\} + 1} dE \tag{3.27}$$

となる．ここで，$(E - E_F)/k_B T \equiv x$ とおくと，積分の dE は $k_B T dx$ に変る．$1/k_B \equiv \beta$ と書き換えて，積分は，

$$\int_{-\infty}^\infty \frac{x^2}{\beta^2} \frac{e^x}{(e^x + 1)^2} \frac{dx}{\beta} \tag{3.28}$$

となる．ここで，十分低温で $\beta \gg 1$ だから，積分を負の側に広げてもほとんど影響がない．そこで下限を $-\infty$ とした．これによって既知の積分公式を使うことができ，積分の値が，

$$\frac{1}{\beta^3} \frac{\pi^2}{3} \tag{3.29}$$

となる．したがって，電子比熱は，

$$C_e = \frac{\pi^2}{3} D(E_F) k_B^2 T \tag{3.30}$$

となる．

　この結果の物理的意味は次のように考えられる．温度 T におけるフェルミ分布関数は図3.10のようである．ここで，電子系に微小エネルギー δQ を与えたことによって，電子系の温度が $T + \delta T$ に上昇し，フェルミ分布が図の破線のように変ったとしよう．新たに励起された電子の数は，$k_B \delta T D(E_F)$ 程度と考えられる．それらの電子は $k_B T$ 程度のエネルギー

をもっているから，$\delta Q \cong k_B^2 T \delta T D(E_F)$ であろう．したがって，電子比熱は $C_e = \delta Q/\delta T \cong k_B^2 T D(E_F)$ となると考えられる．

この結果の温度依存性に注目しよう．上の計算および考察から明らかなように，電子系の状態の詳細はフェルミ準位における状態密度 $D(E_F)$ だけに現れており，それ以外のたとえば系の次元などは関係しないことに注意しよう．後に学ぶように，格子比熱の温度依存性が次元 d に依存して，T^d の温度依存性をもつことと対照的である．

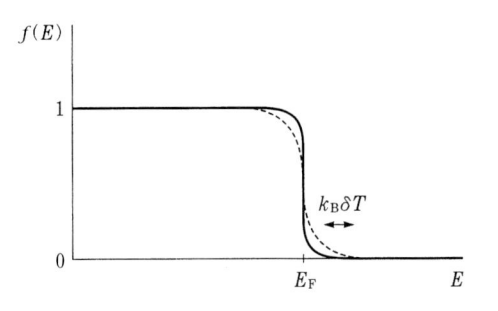

図3.10 温度変化 δT のもとでのフェルミ分布の変化

3.4.2 パウリ常磁性

磁化率は，比熱に比べて物質の性質の相違を明瞭に見せてくれる．大別すると，永久磁石のように，外部磁場がなくても磁化をもつ物質と，外部磁場の下でわずかな磁化を生じる物質に分けられる．（超伝導体は，例外的に，外部磁場の下で大きい負の磁化を生じる．）物質の磁性を担うのは，ほとんどの場合 電子のスピン磁気能率であるが，その電子が伝導電子であるときは，**パウリ常磁性**という特有の磁性をもつ．

金属電子系への磁場の効果を考えよう．伝導電子のそれぞれの波数状態には，互いに逆向きのスピンをもつ2個の電子がある．ここに磁場 B が加わると，図3.11(a) のように，磁場と同じ向きのスピンをもつ電子のエネルギーはゼーマンエネルギー $-\mu_B B$ だけ変化し，逆向きスピンのものは $\mu_B B$ だけ変化する．したがって，エネルギーが E_F 付近の逆向きスピンの電子は，そのスピンの向きを逆転させ，E_F 付近の空いた状態に入る．平衡状態では，図3.11(b) のように電子のスピンの向きについてアンバランスが

生じ，磁場の向きを向いたスピンの電子数が増える．これは，外部磁場の向きの磁化が誘起されることを意味するから，金属電子系は常磁性をもつといえる．これを**パウリ常磁性**という．

パウリ常磁性の磁化率を計算しよう．図3.11から明らかなように，電子系の磁化は，エネルギーが E_F 付近でエネルギー幅 $2\mu_B B$ の中にある電子がもたらしている．その電子数にボーア磁子 $\mu_B (= e\hbar/2m)$ を掛けたものが磁化 M だから，

$$M = 2\mu_B^2 B \frac{D(E_F)}{2} \tag{3.31}$$

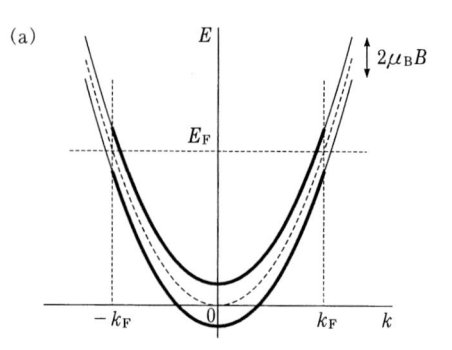

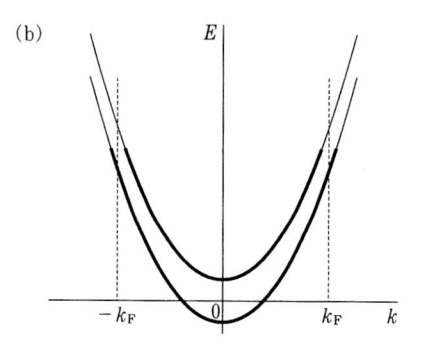

図3.11 磁場のもとでの電子の状態占有 (a) 非平衡，(b) 熱平衡

したがって，パウリ常磁性磁化率 χ_P は，$B \cong \mu_0 H$ として

$$\chi_P = M/H = \mu_0 \mu_B^2 D(E_F) \tag{3.32}$$

である．(3.31)ではスピンの向きを区別して考えたから $D(E_F)$ を2で割った．

パウリ常磁性磁化率は温度に依存しない．後に第7章でさまざまな機構による磁化率を学ぶが，ほとんどの場合それらは温度に依存する．パウリ常磁性磁化率が温度に依存しないのは，金属電子系の際立った特徴である．温度に関係しない理由は上の考察から明らかなように，パウリ常磁性がゼーマンエネルギーと電子系のフェルミ縮退，およびフェルミ準位における状態密度で決まっているからである．ただし，温度が高くてフェルミ縮退という前提

が成り立たなくなると，そのことがいくらかの温度依存性をもたらす．

演習問題

[1] 数密度 n の等方的2次元および3次元自由電子系のフェルミポテンシャル E_F, フェルミ運動量 p_F, およびフェルミ速度 v_F を求めよ．

[2] 金属の Cu は Cu^+ イオンと伝導電子でできていると考えられる．Cu の中の電子を3次元で等方的な自由電子ガスモデルを用いて扱い，電気伝導性を考察しよう．電子質量 $m = 9 \times 10^{-31}$ kg，素電荷 $e = 1.6 \times 10^{-19}$ C, Cu の密度は 8.96×10^3 kg/m³，分子量（化学式量）は 63.6 である．室温の Cu の電気伝導率は $\sigma = 6 \times 10^7\, \Omega^{-1}\, m^{-1}$ 程度である．(1) 自由電子ガスモデルで金属の電気伝導率は $\sigma = ne^2\tau/m$ と表される．ただし n は伝導電子密度，τ は散乱緩和時間である．τ を求めよ．(2) 平均自由行程 l を求めよ．

グラフとコンピュータ

電子比熱は絶対温度に比例するが，格子比熱や他のさまざまな励起による比熱は，一般にそれぞれ異なる温度依存性をもつ．実験的には物質全体の比熱が測定されるから，その温度依存性を解析することによって，電子比熱と格子比熱などを区別して知ることができる．たとえば，物質の全比熱 C が温度に比例する電子比熱 $C_e \equiv \gamma T$ と，第8章で学ぶように3乗のベキをもつ3次元の格子比熱との和で $C = \gamma T + \alpha T^3$ と書けるとき，それぞれを分離して求めるには，C/T と T^2 との関係のグラフを作ればよい．縦軸の切片が電子比熱係数 γ を与え，勾配が格子比熱係数 α を与える．コンピュータによる最小2乗法の計算で実験データを上の表式に当てはめ結果を求めることもできるが，それだけでは危いことがある．極端なケースとして，まったくランダムなデータであっても，コンピュータは何らかの結果の数値を与えてくれるであろう．このような間違いをしないためには，あらかじめグラフを使って実験データのばらつきや理論式からのはずれなどを検討しておくのがよい．

4 エネルギー帯の形成

　多彩な物性現象をもたらす主役は，電子や原子の相互作用と，それらが置かれた場，つまり物質構造の周期性である．本章では，後者つまり物質構造の周期性に着目し，電子系が周期性の下では真空中とはかなり異なる性質を示すことを学ぶ．現代社会を支える電子技術の心臓部では，電子系のこのような性質が活躍している．

　電子物性を考える上で，物質の周期構造は電子に対する周期ポテンシャルとして扱うことができ，その中に置かれた電子は，第2章で学んだブロッホ状態になる．以下ではまず，周期ポテンシャルのエネルギーが，自由電子の運動エネルギーに比べて十分小さく，摂動として扱うことができる場合の考察から始める．その後で，摂動の扱いでは不十分な，大きい周期ポテンシャルの場合の扱いを学ぶ．

§4.1　準自由電子モデル

　物質は全体として電気的に中性だから，その中の電子の挙動を考察するとき，物質を構成している原子・分子は一般に陽電荷を帯びていると考えられる．したがって，物質が結晶であれば，電子は原子・分子の陽電荷が作る周期ポテンシャルの中にあると言える．電子の運動エネルギーに比べて，周期ポテンシャルのエネルギーが十分小さいとき，電子状態は摂動論を用いて考察することができる．このような扱いを準自由電子モデルという．

4.1.1 弱い周期的ポテンシャルの中の電子

自由電子に対して，周期的ポテンシャル $U(x)$ を摂動として取り入れるときの電子状態を求めよう．計算を簡単にするために 1 次元で考える．電子の運動量演算子を p とすると，自由電子のハミルトニアンは $H_0 = p^2/2m$ と書ける．シュレーディンガー方程式

$$H_0 \phi = E \phi \tag{4.1}$$

の解は，波数 k の自由電子の平面波波動関数 $\phi_k = c \exp(ikx)$ で与えられ，そのエネルギー固有値は $E_k^0 = \hbar^2 k^2/2m$ である．

摂動ポテンシャル $U(x)$ をとり入れると，ハミルトニアンは $H_0 + U(x)$ となる．摂動の標準的な計算をし，波動関数については 1 次まで，エネルギーについては 2 次まで求めると，摂動を受けた電子の波動関数 ψ_k とその固有値 E_k は，

$$\psi_k = \phi_k + \sum_{m \neq k} \frac{U_{k,m}}{E_k^0 - E_m^0} \phi_m \tag{4.2}$$

$$E_k = E_k^0 + U_{k,k} + \sum_{m \neq k} \frac{|U_{k,m}|^2}{E_k - E_m} \tag{4.3}$$

と書ける．ここで，$U_{k,m}$ は U の行列要素である．ポテンシャル周期を a とし，U をフーリエ級数に展開して，

$$U(x) = \sum_G u(G) \exp(iGx) \tag{4.4}$$

と書いておく．ここで，G は $2\pi/a$ を基本とする逆格子ベクトルを表している．行列要素の計算では和と積分の順序を取り替えて，

$$U_{k,m} = \int c^2 \exp(ikx) \sum_G u(G) \exp(iGx) \exp(-imx) dx$$
$$= \sum_G u(G) \delta_{G+k,m} \tag{4.5}$$

となる．したがって，波動関数は，

$$\psi_k = \phi_k + \sum_G \sum_{m \neq k} \frac{u(G) \delta_{G+k,m}}{E_k^0 - E_m^0} \phi_m = \phi_k + \sum_{G \neq 0} \frac{u(G)}{E_k^0 - E_{k+G}^0} \phi_{k+G} \tag{4.6}$$

§4.1 準自由電子モデル

となる.

エネルギーは,

$$E_k = E_k^0 + u(0) + \sum_{m \neq k}\sum_G \sum_{G'} \frac{u(G)\,u^*(G')}{E_k^0 - E_m^0} \delta_{G+k,m}\delta_{G'+k,m}$$

$$= E_k^0 + u(0) + \sum_{G \neq 0} \frac{|u(G)|^2}{E_k^0 - E_{k+G}^0} \quad (4.7)$$

となる.

さて,上で計算した k の状態が,たとえば図4.1の k_1 や k_2 のように,ブリユアン域の端に近くない場合は問題はない.しかし,k_3 のようにブリユアン域の端にあるか,または端に近い場合は,$E_k^0 \cong E_{k+G}^0$ となるから上の摂動計算が破綻する.これは言い換えれば縮退がある場合の摂動にほかならない.$E_k^0 = E_{k+G}^0$ となるのは,G が $2\pi/a$ またはその整数倍,つまり逆格子ベクトルに等しい場合である.$G = 2\pi/a$ の場合を考えよう.このとき上の式の和の主要項は,元の状態 ϕ_k と,和のなかで分母がゼロになる項 ϕ_{k+G} であることに注意して,

$$\psi_k = a_k \phi_k + a_{k+G} \phi_{k+G} \quad (4.8)$$

とおく.これをシュレーディンガー方程式に代入して計算すると,摂動の下でのエネルギーが次のように求められる.

$$E_k = \frac{1}{2}\{E_k^0 + E_{k+G}^0 \pm \sqrt{(E_k^0 - E_{k+G}^0)^2 + 4u(G)^2}\} \quad (4.9)$$

この解を用いて,$a_k = 1$,$a_{k+G} = 1$,または $a_k = 1$,$a_{k+G} = -1$ がわかる.G が $2\pi/a$ の整数倍であるときも以上と同様であることに注意しよう.

エネルギーと波数 k との分散関係は図4.2のように得られる.摂動の結果,波数 k が π/a またはその整数倍になる付近では分散関係の曲線が上下

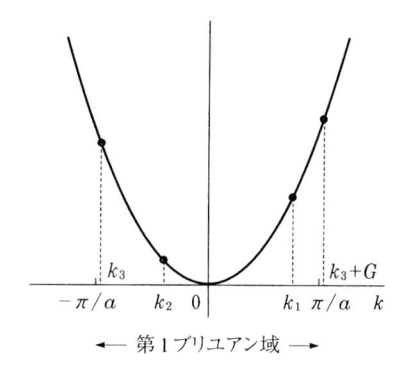

図4.1 電子の波数と摂動計算の適否

に分裂するが，それ以外の波数では元のエネルギーと大差がない．

分散関係が分裂しているところでの波動関数は，$k = -\pi/a$, $k + G = \pi/a$ ではそれぞれ，

$$\phi_+ = \sqrt{2}\cos\frac{\pi x}{a}, \quad \phi_- = \sqrt{2}\,i\sin\frac{\pi x}{a} \tag{4.10}$$

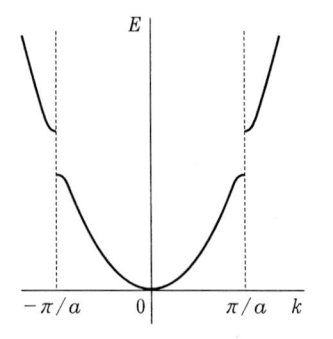

となる．ただし，ϕ_+ と ϕ_- の正・負の記号は，$u(2\pi/a) > 0$ のとき，得られたエネルギー表式の根号の複号に対応するようにつけた．

図 4.2 摂動による分散関係の分裂

$u(2\pi/a) < 0$ ならばこの逆になる．ϕ_k のエネルギーが ϕ_{k+G} に等しいと，特にその ϕ_{k+G} が大きく混入して定在波を作ることがわかる．別の見方をすると，入射波 ϕ_k が周期ポテンシャルによって回折され，ϕ_{k+G} を生じたともいえる．電子波以外に，X 線，中性子線などの波動も格子の周期ポテンシャルと相互作用をして同様の回折を受けるし，格子振動の波それ自身も回折を受ける．回折については第 8 章でくわしく学ぶ．

4.1.2 禁制帯と許容帯

前節で得られた波動関数の絶対値を 2 乗すると電子密度が得られる．電子密度は，ϕ_+ に対して $\cos 2\pi x/a$, ϕ_- に対して $1 - \cos 2\pi x/a$ となる．$G = 2\pi/a$ の成分の周期ポテンシャルは $\cos 2\pi x/a$ の関数形をもつ．ϕ_+ はポテンシャルの高いところに大きい電子密度をもつからエネルギーが高く，ϕ_- はその逆だからエネルギーが低いといえる．このメカニズムが図 4.2 の分散関係の分裂の原因である．エネルギーが上下に分裂した中間のエネルギー状態は許されない．

周期ポテンシャルの摂動のもとでの電子状態にはとりえないエネルギー域があり，それを挟んで連続的にとりうるエネルギーが存在する．エネルギー

軸に沿って見れば，とりうる状態ととりえないエネルギー域が交互に並んで帯状構造をなしている．これを電子エネルギーの帯構造（バンド構造）といい，とりうる範囲を許容帯，とりえない範囲を禁制帯またはバンドギャップとよぶ．帯構造ができることが結晶中の電子状態の最大の特徴である．

§4.2 クローニッヒ-ペニーのモデル

前節では結晶中の電子を自由電子で近似し，これに摂動として，結晶格子が作る周期ポテンシャルがはたらくと考えた．ところで，格子の周期ポテンシャルを，図 4.3 のように角型の周期ポテンシャルで近似するなら，周期ポテンシャルを最初からとり入れたシュレーディンガー方程式を解くことができる．これをクローニッヒ-ペニーモデルという．ポテンシャルの形は現実のものとは相当違うだろうが，結晶中の電子状態を前節とは別の視点から考察できるであろう．

シュレーディンガー方程式は，

$$-\frac{\hbar^2}{2m}\frac{d^2\psi(x)}{dx^2} + V(x)\psi(x) = E\psi(x) \tag{4.11}$$

ここで，$0 < x < a$ では $V(x) = 0$，$a < x < a+b$ では $V(x) = V_0$ であり，$V(x+a+b) = V(x)$ である．また，格子周期は $a+b$ となる．電子はブロッホ状態にあるから，その波動関数は一般に $\exp(ikx)u_k(x)$ と書ける．これを上の方程式に代入すると，$u(x)$ に関する次の式が得られる．

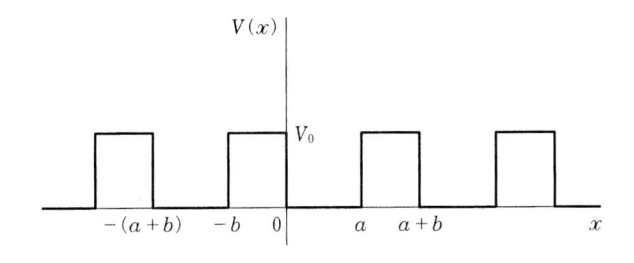

図 4.3 角形周期ポテンシャル

$$\frac{d^2u}{dx^2} + 2ik\frac{du}{dx} + \frac{2m}{\hbar^2}(E - E_k - V)u = 0 \qquad (4.12)$$

ただし，$E_k = \hbar^2 k^2/2m$ とおいた．これを解くと，解があるための条件として

$$\frac{\beta^2 - \alpha^2}{2\alpha\beta}\sinh\beta b \sin\alpha a + \cosh\beta b \cos\alpha a = \cos k(a+b)$$

(4.13)

が得られる．ただし，$\alpha = \sqrt{2mE/\hbar^2}$, $\beta = \sqrt{2m(V_0 - E)/\hbar^2}$ である．この式は簡単には解けないが，右辺は ± 1 の範囲にあるのに対し，左辺を数値計算すると図 4.4 の結果が得られる．したがって，図に太線で示したように，解のあるエネルギー域が帯構造を作ることがよくわかる．

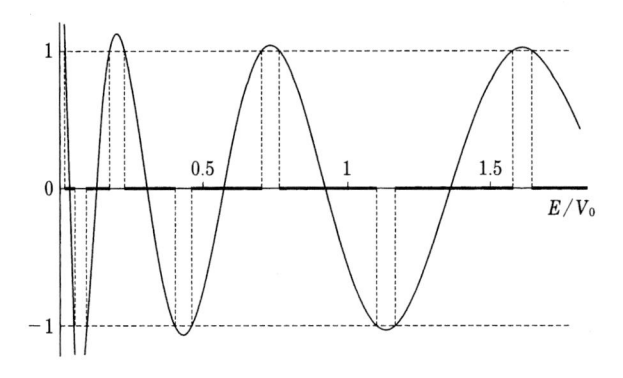

図 4.4 クローニッヒ-ペニーのモデルでの解の帯構造

　以上の議論は，エネルギー E がポテンシャルの深さ V_0 より大きいかどうかにはよらないことに注意しよう．$E \gg V_0$ がほとんど自由な電子のモデルに対応する．高いエネルギーをもった電子が，わずかな周期ポテンシャルの上で自由な電子とほとんど変りなく振舞うが，そこには禁制帯が必ず存在するのである．ところで $E < V_0$ の場合は，電子が原子のポテンシャルの谷の中に捕えられるケースである．$a < x < a + b$ のようなポテンシャルの山の範囲では，波動関数は空間的に減衰する．しかし原子が周期的に配列して

いるので，山の両側から減衰してきた波動関数がポテンシャルの山の部分をトンネルすることによってつながり，結晶全体に広がった電子状態ができる．これは概念的に大事なことである．つまり，1s電子のように原子に強く捕えられた電子であっても，結晶中では必ず結晶全体に広がったブロッホ電子状態になっている．

§4.3　強束縛モデル

ほとんど自由な電子のモデルとは逆のケース，すなわち，結晶中の原子に強く捕えられたブロッホ電子の状態を調べてみよう．結晶の周期ポテンシャルを $V(x)$ として，シュレーディンガー方程式は

$$H\psi(x) = -\frac{\hbar^2}{2m}\frac{d^2\psi(x)}{dx^2} + V(x)\psi(x) = E_k\psi(x) \quad (4.14)$$

ここで，$V(x)$ は孤立原子のポテンシャル $U(x)$ を周期的に並べたものに近いと考えられるから，結晶中の原子の位置を l で表すことにして $V(x) = \sum_l U(x-l)$ としてよかろう．このハミルトニアンの解と固有値が求まれば，結晶中の電子状態がわかるが，解を具体的に求めることは一般には困難である．そこで，ブロッホ条件を満たす近似解 ψ を，

$$\psi(x) = \sum_l e^{ikl}\phi_n(x-l) \quad (4.15)$$

とおいてみよう．ただし $\phi_n(x)$ として，孤立原子の波動関数で，エネルギー量子数 n で指定されるものを用いる．つまり，

$$H_0\phi_n(x) = -\frac{\hbar^2}{2m}\frac{d^2\phi_n(x)}{dx^2} + U(x)\phi_n(x) = E_n\phi(x)$$

$$(4.16)$$

である．電子があまり自由には動けない場合を扱っているから，これが結晶中のハミルトニアンによるシュレーディンガー方程式の近似解であることはもっともらしい．これを用いてエネルギー期待値を計算すれば，電子の分散関係がわかる．

エネルギーの期待値は，

$$E_k = \int \phi_k{}^*(x) H \phi_k(x) \, dx$$

$$= \sum_p e^{-ikpa} \int \phi_n{}^*(x-pa) H \phi_n(x) \, dx \quad (4.17)$$

である．ここで，孤立原子における波動関数 $\phi_n(x)$ の広がりに比べて原子間距離が大きく，波動関数はせいぜい隣の原子に達する程度だとしよう．すると上の式で $p=0$，± 1 の項だけが大きい値をもつとし，他を無視してエネルギー期待値が次のように得られる．

$$E_k \cong E_n - 2t_{//} \cos ka, \quad t_{//} \cong -\int \phi_n{}^*(x-a)\{V(x) - U(x)\} \phi_n(x) \, dx$$
$$(4.18)$$

$t_{//}$ は移動積分とよばれる．分散関係は図4.5のように余弦関数の形をもつ．強束縛モデルの分散関係をほとんど自由な電子のモデルと比較しよう．$k \cong 0$ でのエネルギーは次のように近似できる．

$$E_k \cong E_n - 2t_{//} + t_{//} k^2 a^2 \quad (ka \ll 1)$$
$$(4.19)$$

ここで有効質量 $m^* \equiv \hbar^2/2t_{//}a^2$ を導入すると，

$$E_k \cong (E_k - 2t_{//}) + \frac{\hbar^2 k^2}{2m^*} \quad (4.20)$$

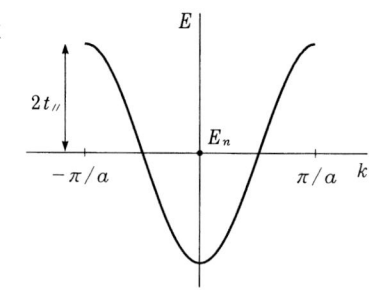

図 4.5 強束縛モデルの分散関係

と書ける．したがって強束縛モデルの電子は，$k \cong 0$ では有効質量 m^* をもつ自由電子のように振舞う．電子の広がりが小さいと移動積分の値は小さく，有効質量は大きくなる．これは電子が外力のもとで動きにくいということであり，もっともな結果である．

§4.4 金属・絶縁体・半導体

一般に結晶中の電子のエネルギーは帯構造を作る．帯構造の詳細を知るためには，それぞれの物質に応じて本章で見てきたいずれかのモデルを用いた計算を行い，実験と対比する．モデルによらない帯構造の基本的性質は，(1) 禁制帯があること，および(2) ブロッホ電子固有のブリユアン域があることである．この性質が金属と絶縁体の違いをもたらす．

例としてH，He，Liの電子状態を1次元モデルで考えよう．1次元の単原子格子の格子定数をaとする．それぞれの原子がもつ電子の数をnとすると，Hでは$n=1$，Heでは$n=2$，Liでは$n=3$である．エネルギー帯の構造は一般に図4.6のようである．絶対零度においてここに電子を詰めよう．N個の単位格子の長さ$L=Na$に対して周期的境界条件を適用する．その中の電子数はnNである．フェルミ波数をk_Fとして，長さ$2k_F$の区間の中の状態数は$2\times 2k_F/(2\pi/L)$で，これがnNに等しい．したがって，H，He，Liのk_Fはそれぞれ$\pi/2a$，π/a，$3\pi/2a$（拡張域の方法）または$\pi/2a$（還元域の方法）となる．Heではひとつのエネルギー帯がいっぱいに詰まっているが，HとLiではちょうど中間まで詰まっている．

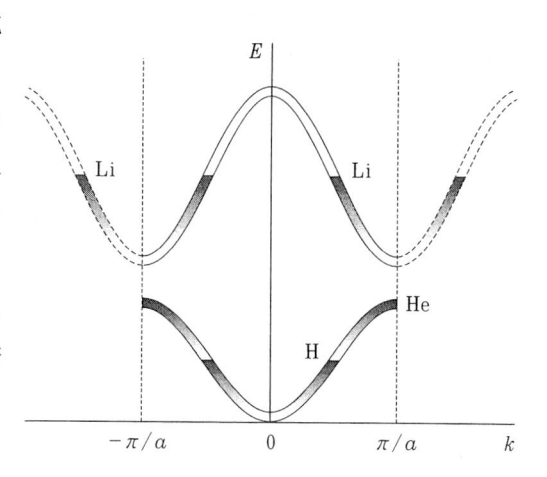

図4.6 水素，ヘリウム，リチウムの1次元格子モデルでの電子の状態占有

第3章で学んだ電気伝導の考え方を適用しよう．電気伝導が起こるのは，電子が電場によって加速され，波数空間において電子の状態占有が$k>0$

と $k<0$ とで等しくなくなるからであった．いまの場合，H と Li では状態占有のアンバランスが起こるという点では自由電子と違いはないから，金属性の電気伝導が起こる．しかし He ではエネルギー帯がいっぱいに詰まっていて，電子の波数変化が起こることができないから電流は流れない．つまり，単位胞当り偶数個の電子があると一般に伝導帯はいっぱいに詰まり，物質は電気的に絶縁体となる．

ところで，もし禁制帯のエネルギー幅を超えるだけのエネルギーを電子に与えるなら，電子は上の空のエネルギー帯に入って電流を担うことができる．非常に大きい電場を加えると実際にそれが起こるが，そのときは電流と電場が比例しないので，オームの法則が成り立つ範囲の通常の電気伝導とは区別して考える必要がある．有限温度であれば，電子が熱的に励起されることがあるから電気伝導が起こってよいが，そのような場合の電気抵抗は高い．このことを逆にいうと，電流が流れるからといってその物質が金属であるとはいえないことになる．単に抵抗の低い物質が金属とはいえないことに注意しよう．物理的には金属の定義は明確であり，フェルミ縮退した電子系が伝導帯を中途まで占有していることが金属の必要条件である．

§4.5 バンド電子の状態密度

第3章で見たように，電子比熱とパウリ常磁性磁化率はフェルミ準位における電子の状態密度に比例する．しかし，状態密度はこれらの特定の物理量にだけ登場するのではない．縮退した電子系の，低エネルギーの励起に関係するのはフェルミ準位付近の電子だけだから，さまざまな機構での電子系の励起を考えるに当って，状態密度は重要な概念である．電子のエネルギー帯構造を学んだいまの段階で，電子の状態密度を具体的に見ておこう．

エネルギーが $E \sim E + \delta E$ にある電子の数を $N(E)$ とするとき，状態密度 $D(E)$ は $N(E) = D(E)\delta E$ の関係で定められ，$D(E) = N(E)/\delta E$ である．さて，1次元系を考えることにして，このエネルギー E の状態と

$E+\delta E$ の状態の波数を $\pm k$, $\pm(k+\delta k)$ としよう. 波数の正と負の側で合わせて $2\delta k$ の幅の中にある状態は, 周期的境界条件を適用する長さを L として $2\times 2\delta k/(2\pi/L)$ である. これが $N(E)$ にほかならない. したがって,

$$N(E) = \frac{2L}{\pi}\delta k \tag{4.21}$$

である. この δk を δE に書き直したい. $\delta E = (dE/dk)_k \delta k$ という関係を使って, $N(E) = (2L/\pi(dE/dk)_k)\delta E$ となる. $L=1$ とおくことによって, 単位長さ当りの状態密度は,

$$D(E) = \frac{2}{\pi(dE/dk)_k} \tag{4.22}$$

である. 自由電子ならば, $E=\hbar^2 k^2/2m$ だから, $D(E)=\sqrt{m}/\sqrt{2}\,\pi\hbar\sqrt{E}$ となる. 一般のバンド構造を考えると, (4.22) から, 一般に dE/dk が小さいときは, 状態密度が大きいと言える. したがって, 狭いバンドでは一般に状態密度が大きいし, 分散関係の E 対 k のカーブの勾配が小さいところでは状態密度が大きい. そのようなところにフェルミ準位が来ると, パウリ常磁性磁化率や電子比熱が大きくなる.

演習問題

[1] (4.9) の固有エネルギーが得られることを示せ.
[2] 準自由電子モデルで, ブリユアン域の端での波動関数は (4.10) であることを示し, ψ_+ と ψ_- が分裂したエネルギーにどのように対応しているかを調べよ.
[3] クローニッヒ-ペニーのモデルで (4.13) が得られることを示せ. また, エネルギーの帯構造が生じることを定性的に示せ.

[4] 強束縛モデルで，波動関数 $\phi(x) = \sum_l \exp(ikl)\phi(x-l)$ がブロッホの定理を満たすことを示せ．

[5] 2次元の自由電子の状態密度が，$D(E)_{2D} = m/\pi\hbar^2$ で定数，3次元では $D(E)_{3D} = (\sqrt{2}\, m^{3/2}/\pi^2\hbar^3)\sqrt{E}$ となることを示せ．

バンド計算

　エネルギー帯の構造を計算するための強束縛モデルは，簡単なモデルであるが現実の物質の電子状態をかなりよく再現する．現実の物質を扱うときは，単位胞に，数個〜数十個の原子があるのが普通だから，計算に用いる波動関数が同程度あり，数十種類以上の移動積分を計算する．この数値計算のためのコンピュータソフトは多数開発されているので，それらを使えば簡単に強束縛モデルのバンド計算をすることができる．

　しかし，波動関数として原子が孤立しているときの波動関数を使うのはあくまで近似である．結晶中では波動関数の形が多かれ少なかれ違ってくるのは当然である．また，格子イオンの周期ポテンシャルといっても，それは裸の原子核が作るポテンシャルではなく，原子がもつ多数の電子の寄与もそこに入っているはずである．さらに，そのような電子の波動関数を知ること自身，孤立原子であっても容易でないことが多い．

　精密なエネルギー帯構造を計算するための多くの計算手法が開発されており，いずれもコンピュータの計算能力の発達とともに発展してきた．現在，かなり信頼性の高い方法として**密度汎関数法**という方法が知られている．このような精密な方法を用いると，物質の安定性までも考慮にとり入れることができる．つまり用いる波動関数を少しずつ変更しながら系のエネルギーを計算し，もっとも安定な状態を探るのである．このようにすると，いずれは計算だけで新物質を設計できるという期待がもてる．

5 電子の運動と輸送現象

本章では物質中の電子の運動によって起こる広汎な現象のなかで,最も基本的な電気伝導と熱伝導および,電子が磁場のもとでサイクロトロン運動をすることによって起こる多彩な現象を見ていく.

§5.1 バンド電子の電気伝導
5.1.1 異方性導体の電気伝導

物質の電気伝導率 σ が $\sigma = ne^2\tau/m$ で与えられることを第3章で学んだ.そこでは扱いを簡単にするために,電子が1次元運動,または等方的な3次元運動をすることを前提とした.しかし酸化物・有機物超伝導体,半導体界面など,多彩な物性現象が展開され技術応用にとっても大事な物質では,低次元運動をしたり異方的な運動をする電子が電気伝導を担うことが多い.異方性をもつ電子系では,一般に,電場を加えた方向に電子の流れが起こるとは言えない.たとえば,x 軸に沿って非常に動きやすい電子系では,電場を x 軸と y 軸の中間方向に加えても,電子の流れはほとんど x 軸に平行に起こるであろう.したがって,電気伝導率を単純に電流と電場の比で定めるだけでは不十分であり,電場,電流をベクトルとして扱い,電気伝導率をテンソルとして扱うことが必要になる.また,電子状態を考える際も,波数ベクトルや速度ベクトルを使わねばなるまい.本節では,このような異方的電子

系における電気伝導を考察しよう．

　電流を求めるには，系のひとつひとつの電子による電荷の流れを計算しそれらを加えればよい．ブロッホ電子の状態は波数ベクトル k で指定できる．波数ベクトル k の電子の速度ベクトルを v_k とすると，電流密度ベクトル j は $j = (-2e/V) \sum_k f_k v_k$ で与えられる．ここで V は系の体積である．また f_k は波数 k（でエネルギー E_k）の状態の電子の存在確率，つまりフェルミ分布関数であり，係数 2 がつくのは，ひとつの波数状態に上向きスピンと下向きスピンの 2 電子が収容されるからである．電場がない熱平衡状態では，存在する全電子の速度ベクトルの和がゼロになり，電流が流れないと考えられる．第 3 章で学んだように，電気伝導は電場によって電子系のフェルミ分布が熱平衡状態からずれることによって起こる．電場によってずれた分布を f_k' とすると電流密度ベクトルは $j = (-2e/V) \sum_k f_k' v_k$ であるが，これから熱平衡状態でのゼロ電流密度 $(-2e/V) \sum_k f_k v_k$ を引いて，

$$j = \frac{-2e}{V} \sum_k (f_k' - f_k) v_k \tag{5.1}$$

と書こう．$f_k' - f_k$ が分布のずれである．

　分布のずれを計算しよう．波数 k で速度 v_k をもつ電子が電場 E のもとで $-eE$ の力を受け，散乱緩和時間 τ の間だけ自由に加速されるとすると，その間に電子が得るエネルギーは $\Delta E = -eE \cdot v_k \tau$ である．これによる分布のずれは

$$f_k' - f_k \cong \left(\frac{\partial f}{\partial E}\right)_E (-\Delta E) = eE \cdot v_k \tau \left(\frac{\partial f}{\partial E}\right)_E \tag{5.2}$$

と考えられる．ここで $-\Delta E$ と負号がつくのは，τ 時間だけ加速されたときのエネルギー E での分布は，加速以前のときのエネルギー $E - \Delta E$ での分布に等しいはずだからである．したがって，

$$j = -2\frac{e^2}{V} \sum_k (E \cdot v_k) v_k \tau \left(\frac{\partial f}{\partial E}\right)_E \tag{5.3}$$

となる．k 空間での和を体積積分に書き直そう．体積積分を，エネルギー一

定の曲面の表面積分 dS と表面に垂直方向への積分 $dk_\perp$ の積で行うと, k に関する和は $dS\,dk_\perp\{V/(2\pi)^3\}$ の積分に置き換えられる. $\boldsymbol{v}_k = (1/\hbar)\nabla_k E$ という関係を使って, $dk_\perp = dE/\hbar|\boldsymbol{v}_k|$ と書き換えられる. したがって,

$$\boldsymbol{j} = -2\frac{e^2}{V}\frac{V}{(2\pi)^3}\iint (\boldsymbol{E}\cdot\boldsymbol{v}_k)\boldsymbol{v}_k\tau\left(\frac{\partial f}{\partial E}\right)_E \frac{dS}{\hbar|\boldsymbol{v}_k|}dE \qquad (5.4)$$

温度が十分低くてフェルミ縮退が完全に近ければ, $-\partial f/\partial E$ はデルタ関数 $\delta(E-E_\mathrm{F})$ になると考えられる. したがって, E に関する積分を行うと表面積分が $E=E_\mathrm{F}$ のフェルミ面上に限定される. $\boldsymbol{v}_k$ はフェルミ速度になるが, いまの場合は波数 k の方向に依存するから $\boldsymbol{v}_k$ の形のままで残しておく. 以上により,

$$\boldsymbol{j} = \frac{1}{4\pi^3}\frac{e^2\tau}{\hbar}\int\frac{\boldsymbol{v}_k\boldsymbol{v}_k\,dS_\mathrm{F}}{|\boldsymbol{v}_k|}\cdot\boldsymbol{E} \qquad (5.5)$$

が得られる.

電気伝導率テンソルは $\boldsymbol{j}=\sigma\cdot\boldsymbol{E}$ で定義されるから, その ij 成分は次式で与えられる.

$$\sigma_{ij} = \frac{1}{4\pi^3}\frac{e^2\tau}{\hbar}\int\frac{v_{ki}v_{kj}dS_\mathrm{F}}{|\boldsymbol{v}_k|} \qquad (5.6)$$

ここで, v_{ki} などは波数 k をもつ電子の速度 $\boldsymbol{v}_k$ の i 方向成分である.

以上の考察は, 電荷や熱エネルギーの輸送に関する一般的なボルツマン方程式の方法に, 散乱緩和時間 τ をとり入れたものである.

この表式を使えば, 任意の形のフェルミ面をもつ金属電子系の電気伝導率を計算することができる. たとえば, 2次元電子系で $E=\hbar^2\{(k_x{}^2/2m_x)+(k_y{}^2/2m_y)\}$ のように異方的な有効質量 $m_x<m_y$ で分散関係が書ける場合, フェルミ面は図5.1のような楕円になる. このときの電気伝導率 σ_{xx} は, 上の表式によれば v_{kx} 程度の量をフェルミ面上で積分したもので見積ることができる. 図を見ると, 大まかに言って v_{kx} が v_{ky} より大きく, 積分における寄与も大きいから, σ_{xx} が σ_{yy} より大きいことが定性的な考察でわかる. これは x 方向の運動の有効質量が y 方向に比べて小さいことに対応している.

また，上で考えた"ずれた分布関数 $f_{\boldsymbol{k}}'$"として，電場によるずれだけでなく磁場のローレンツ力によるずれをとり入れれば，磁場の下での伝導率を求めることもできる．

5.1.2 有効質量と正孔の概念

結晶中のブロッホ電子の分散関係は，真空中の自由電子とは違って，単純な放物線型の分散関係では表現できない．そのため，ブロッホ電子の運動を考えるとき，自由電子の運動からは想像できない奇妙な運動が登場することがある．以下ではそのような場合の電子の運動について見ていこう．

図 5.1 異方的2次元電子系のフェルミ面とフェルミ速度ベクトル

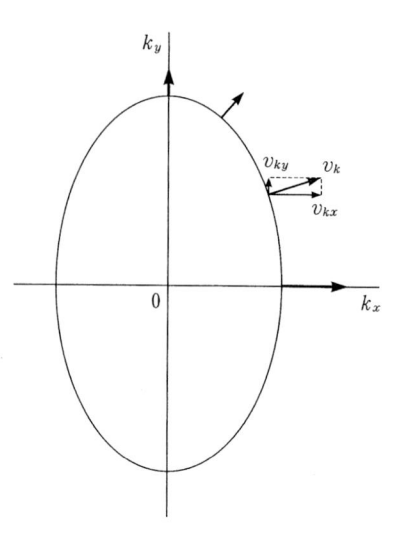

電子が電荷を運ぶときの運動は，波束の運動として扱える．波数 $\boldsymbol{k}$ の電子の波束の速度は群速度で与えられ，

$$\boldsymbol{v} = \frac{\nabla_{\boldsymbol{k}} E}{\hbar} \tag{5.7}$$

である．また，外力 $\boldsymbol{F}$ のもとでの運動方程式は，

$$\hbar \frac{d\boldsymbol{k}}{dt} = \boldsymbol{F} \tag{5.8}$$

と書ける．

ここで，図 5.2 のような波数 $\boldsymbol{k}$ の電子を考えよう．この電子の速度 $\boldsymbol{v}_{\boldsymbol{k}}$ は，$\boldsymbol{k}$ での分散関係の接線の勾配に比例する．ここでこの電子に右向きの外力を加えると，上の式によ

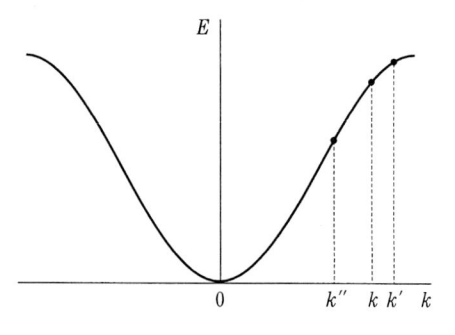

図 5.2 負の質量をもつ電子状態

れば波数が増加して,たとえば図の k' になる.そこでの速度 $v_{k'}$ は明らかに v_k より小さい.加速したにもかかわらず速度が減少するのだから,この電子の質量は負だと考えざるをえない.

また,図5.2の分散関係の変極点 k'' 付近では,外力によって波数を多少変えても速度は不変である.したがって質量は無限大ということになる.

このような電子の運動をニュートンの運動方程式 $\boldsymbol{F} = m(d\boldsymbol{v}/dt)$ で表現するなら,

$$\frac{d\boldsymbol{v}_k}{dt} = \frac{1}{\hbar}\frac{d}{dt}\nabla_k E_k = \frac{1}{\hbar}\nabla_k(\nabla_k E_k)\frac{d\boldsymbol{k}}{dt} = \frac{1}{\hbar^2}\{\nabla_k(\nabla_k E_k)\}\cdot\boldsymbol{F} \quad (5.9)$$

と書ける.ここで最後の式の { } の中はテンソルである.つまり,**有効質量テンソル** m^* を次のように定義できる.

$$\frac{1}{m^*} = \frac{1}{\hbar^2}\nabla_k(\nabla_k E_k) \quad (5.10)$$

テンソル $1/m^*$ の ij 成分を具体的に書けば,

$$\left(\frac{1}{m^*}\right)_{ij} = \frac{1}{\hbar^2}\frac{\partial^2 E_k}{\partial k_i \partial k_j} \quad (5.11)$$

である.

有効質量が負であるような電子の運動は直観的に考えにくい.そこで,ひとつのバンドの上端近くまで電子で占有されているときは,質量が正で電荷も正という**正孔**という粒子の概念を作り,正孔の運動によってこの電子系の運動を置き換えることができる.

図5.3のように,バンドの上端付近に電子で占有されていない空いた状態がただひとつだけある場合を考えよう.この電子の空席の波数を k_e とする.空席がないときの電子系の全波数の和は,対称性から明らかに $\sum_k k = 0$ である.

図 5.3 電子と正孔の分散関係

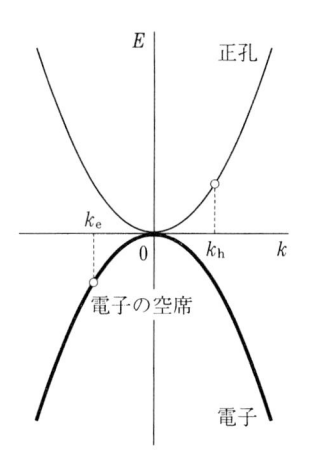

したがって，k_e に空席をもつ電子系の全波数和は $-k_e$ である．これを正孔の波数 k_h と定義しよう．

$$k_h = -k_e \tag{5.12}$$

である．この定義から明らかなように，電子の空席それ自身を正孔とよぶのではなく，空席をもつ電子系全体をひとつの正孔とみなすことに注意しよう．

正孔のエネルギーはどう決められるだろうか．バンドが全部詰まった状態の電子系の全エネルギーを E_{total} と書こう．$E_{\text{total}} = \sum_k E_e(k)$ である．波数 k_e の電子が抜けた状態での全エネルギーは $E_{\text{total}} - E_e(k_e)$ であろう．したがって，波数 k_e の電子が抜けるということは，エネルギー $E_h = -E_e(k_e)$ の正孔が現れることと同等だと考えられる．対称性から $-E_e(k_e) = -E_e(-k_e)$ で，$-k_e = k_h$ だから

$$E_h(k_h) = -E_e(k_e) = -E_e(k_h) \tag{5.13}$$

である．つまり，正孔の分散関係は図 5.3 のように電子の分散関係を原点に関して対称に反転したものになる．

分散関係がわかったから，正孔の群速度を求めることができる．一般に $v_k = \nabla_k E$ であるが，電子と正孔では，エネルギー E と波数 k の両方の符号が逆転しているからその微分は値も符号も変らない．抜けた電子の速度を v_{ek}，正孔の速度を v_{hk} と書くと，

$$v_{hk} = v_{ek} \tag{5.14}$$

である．

正孔の運動方程式を求めよう．抜けた電子の波束の運動方程式は，電場 E，磁場 B のもとで $\hbar(dk_e/dt) = -e(E + v_e \times B)$ である．ここに出てくる波数と速度を正孔のものに置き換えると，

$$\hbar \frac{dk_h}{dt} = e(E + v_h \times B) \tag{5.15}$$

となる．この式は，正孔の運動が陽電荷をもつ電子と同等であることを意味

する．これが正孔の名の由来である．

正孔の質量はどうであろうか．前述のように，質量テンソルは $(1/m^*)_{ij} = (1/\hbar^2)(\partial^2 E_k/\partial k_i \partial k_j)$ で与えられる．正孔の波数とエネルギーは，抜けた電子のエネルギーと波数の符号を反転したものに等しいから，正孔の質量テンソルは，

$$\frac{1}{m^*} = \frac{1}{\hbar^2}\frac{\partial^2 E_{hk}}{\partial k_{hi}\partial k_{hj}} = -\frac{1}{\hbar^2}\frac{\partial^2 E_{ek}}{\partial k_{ei}\partial k_{ej}} \tag{5.16}$$

となる．テンソルということを無視して質量を単純に m と書くなら，

$$m_h = -m_e \tag{5.17}$$

である．抜けた電子はバンドの上端付近にあったと考えているから，そこでは分散関係のグラフは上に凸の曲線で $m_e < 0$ である．したがって，正孔の質量は一般に $m_h > 0$ と言える．

以上の考察から，正孔は質量が正で電荷も正の電子であるかのように振舞うと言える．正孔の概念を使うことによって，電子が抜けた電子系の運動を直観的に理解することが容易になる．

§5.2 電流磁気効果とランダウ量子化

電子は電場によって電場方向に加速されるだけでなく，磁場によって速度ベクトルと磁場ベクトルに垂直な方向にローレンツ力を受ける．この節では電子の運動に対する磁場の効果を考察しよう．

5.2.1 ローレンツ力とサイクロトロン運動

有効質量 m，速度 $\boldsymbol{v}$ の電子波束に外力 $\boldsymbol{F}$ が作用するときの運動方程式は，

$$m\left(\frac{d\boldsymbol{v}}{dt} + \frac{1}{\tau}\boldsymbol{v}\right) = \boldsymbol{F} \tag{5.18}$$

である．ここで τ は散乱緩和時間であり，定常状態での速度は $\boldsymbol{F}\tau/m$ であ

る.

さて，速度 v の電子に磁束密度 B の磁場が作用すると，電子は $F = -ev \times B$ のローレンツ力を受ける．電場も散乱もなければ電子は円運動をするはずである．その角振動数を ω とすると，散乱緩和時間が長い極限では $\omega\tau \gg 1$ として，

$$\omega = \frac{eB}{m} \tag{5.19}$$

が得られる．このときの v は，

$$v_x = v_{0x} \cos \omega t, \quad v_y = v_{0x} \sin \omega t \tag{5.20}$$

となる．v_{0x} は初期条件によって決まる．

電子は xy 面内で角振動数 ω の円運動をすることがわかる．これをサイクロトロン運動とよび，その角振動数 $\omega_c \equiv eB/m$ をサイクロトロン角振動数という．散乱緩和時間が有限であれば，電子はサイクロトロン運動をしているうちに不純物や格子の熱振動によって散乱される．散乱された電子は，散乱直後の速度ベクトルを初期条件として，新たにサイクロトロン運動を始める．

ω_c の大きさを見積ってみよう．電子波束の質量が自由電子と同じだとし，磁束密度を1T（テスラ）としよう．（この磁場は，身近にある永久磁石の表面磁場より数倍強い．）$eB/m = (1.6 \times 10^{-19} \times 1)/(9 \times 10^{-31}) \cong 1.8 \times 10^{11}$ となる．振動数は $\omega_c/2\pi$ だから，約 3×10^{10} となる．したがって，30 GHz 程度のマイクロ波（波長は約1cm）を加えるとこのサイクロトロン運動と共鳴することが可能になり，マイクロ波の共鳴吸収を利用して電子状態をミクロに探ることができる．

5.2.2 磁気抵抗

電場の下で電気伝導が起こっているとき，さらに磁場を加えると一般には電気抵抗が変る．これを磁気抵抗とよぶ．電場と磁場が直交するように磁場

を加えるときの磁気抵抗は，横磁気抵抗とよばれる．このとき電子はローレンツ力を受けるから，それが抵抗に何らかの変化をもたらす．これに対して，電場と磁場が平行な場合，普通は電子の速度ベクトルと磁場が平行になるからローレンツ力はゼロであり，磁場の効果はない．しかし場合によっては磁気抵抗が現れることがあり，これを縦磁気抵抗とよぶ．たとえば異方性をもつ電子系では，電場と電子の速度ベクトルが平行になるとは限らないから，ローレンツ力がゼロではない．以下では横磁気抵抗を考えよう．

前節の (5.18) で外力を $\bm{F} = -e\bm{E} - e\bm{v} \times \bm{B}$ として運動方程式を解き，得られた速度ベクトルに電荷密度 n と電荷 $-e$ を掛けると次のように電流密度ベクトルが得られる．$\sigma_0 = ne^2\tau/m$ とおいて，

$$\begin{pmatrix} j_x \\ j_y \\ j_z \end{pmatrix} = \frac{\sigma_0}{1 + (\omega_c\tau)^2} \begin{pmatrix} 1 & -\omega_c\tau & 0 \\ \omega_c\tau & 1 & 0 \\ 0 & 0 & 1 + (\omega_c\tau)^2 \end{pmatrix} \begin{pmatrix} E_x \\ E_y \\ E_z \end{pmatrix} \quad (5.21)$$

$$\equiv \begin{pmatrix} \sigma_{xx} & \sigma_{xy} & \sigma_{xz} \\ \sigma_{yx} & \sigma_{yy} & \sigma_{yz} \\ \sigma_{zx} & \sigma_{zy} & \sigma_{zz} \end{pmatrix} \begin{pmatrix} E_x \\ E_y \\ E_z \end{pmatrix} \quad (5.22)$$

と書ける．電気伝導率 σ はもはやスカラー量ではなく，テンソルとなった．

電気伝導率の磁場依存性を調べよう．$\omega_c \propto B$ だから，電場を加えた方向に測った電気伝導率 σ_{xx}, σ_{yy} は $1/(1 + aB^2)$ の形をもつ．a は定数である．この結果は，磁場が増すと電気伝導率は単調に減少することを示す．これは，ローレンツ力によって電子の軌道が横に曲げられ，電場方向への流れが減少することを意味している．電場と直交する方向への伝導率 σ_{xy}, σ_{yx} は $B/(1 + aB^2)$ の形をもつ．磁場の増大とともに，まず伝導率が増大する．これはローレンツ力によって電子が横方向に流れることを意味している．さらに磁場を増すと伝導率は結局ゼロに向かう．これは，強磁場のもとで電子がサイクロトロン運動をするようになり，横方向にも電子の定常流がなくなることを意味している．

5.2.3 ホール効果

前節の (5.22) は, 外部から電場 $\boldsymbol{E}$ を x 方向に加えても, これ以外に y 方向にも $\sigma_{yx}E$ の電場が加わったのと同等の, 電子の運動が起こることを示唆する. 電場と磁場に直交する方向に実効的な電場が現れるこの現象を**ホール効果**とよぶ.

ホール効果を実験的に観測するには, 図 5.4 のように, 有限の大きさの試料に電流の出口と入り口の電極をとりつけ, 側面に電圧測定の端子をつける. この配置では電流は x 方向以外には流れることができないから, (5.21) に $j_y = 0$ という制限が加わる. したがって, $j_y = \sigma_{yx}E_x + \sigma_{yy}E_y = 0$ から,

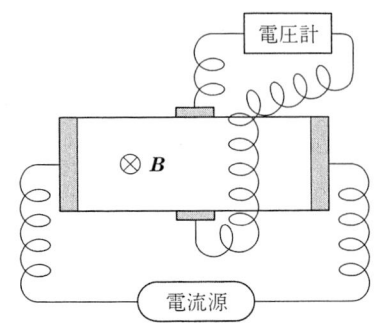

図 5.4 ホール効果の測定法

$$E_y = -\frac{\sigma_{yx}}{\sigma_{yy}}E_x = -\omega_c \tau E_x \tag{5.23}$$

の電場が y 方向に現れることがわかる. これを j_x の表式に代入すると, 次の結果が得られる.

$$j_x = \frac{\sigma_0 E_x}{1+(\omega_c \tau)^2} - \frac{\sigma_0 \omega_c \tau E_y}{1+(\omega_c \tau)^2} = \sigma_0 E_x \tag{5.24}$$

したがって, このような境界条件が加わると x 方向の電流は磁場がないときと同じであることがわかる.

以上の結果は, 物理的には次のことを意味する. 電子が電場で加速されつつ, 磁場によるローレンツ力と不純物や格子振動による散乱を受けると, 電子はまず, 試料の y 方向の側面に集まって電場を生み出す. この電場による力が磁場のローレンツ力とつり合うようになると, それ以上には電子は集まらず, 電子は磁場がないかのようにまっすぐ x 方向に流れる. この定常状態で y 方向に生まれた電場をホール電場とよぶ.

ホール電場は $E_y = -\omega_c \tau = -eB\tau/m$ である．その測定によって，電荷の符号，電荷の有効質量，散乱緩和時間の関係がわかる．ホール電場を j_x で割った量 $E_y/j_x = -B/ne$ をホール抵抗とよぶ．ホール抵抗は磁場に比例するから，これをさらに磁場で割ったものを**ホール係数** R_H とよぶ．

$$R_H = -\frac{1}{ne} \tag{5.25}$$

ホール係数は電子に対しては負，正孔に対しては正であり，また，電流の担い手である電子や正孔の密度に比例する．さまざまな物質で，ホール係数の測定から電流の担い手の性質を知ることができる．

5.2.4 ランダウ量子化とド・ハース効果

磁場のもとで電子はサイクロトロン運動をする．ところで円運動は，x 方向の単振動（$x = C\cos\omega t$）と y 方向の単振動（$y = C\sin\omega t$）を合成すると得られる．したがって，電子のサイクロトロン運動を量子化すると，単振動の量子化に似た結果が得られるはずである．磁場中の電子の波動関数を ϕ，磁場のベクトルポテンシャルを $\boldsymbol{A}$ とすると，シュレーディンガー方程式は次式で与えられる．

$$\frac{1}{2m}\left(\frac{\hbar}{i}\nabla + e\boldsymbol{A}\right)^2 \phi = E\phi \tag{5.26}$$

磁場 $\boldsymbol{B}$ が z 方向に加えられているとし，$\boldsymbol{A} = (0, Bx, 0)$ というゲージを使おう．

$$\frac{\partial^2 \phi}{\partial x^2} + \left(\frac{\partial}{\partial y} + \frac{ieB}{\hbar}x\right)^2 \phi + \frac{\partial^2 \phi}{\partial z^2} + \frac{2mE}{\hbar^2}\phi = 0 \tag{5.27}$$

$\phi = \exp\{i(\beta y + k_z z)\}u(x)$ とおくと，u に対する次の式が得られる．

$$\frac{\partial^2 u}{\partial x^2} + \left\{\frac{2m}{\hbar^2}\left(E - \frac{\hbar^2}{2m}k_z^2\right) - \left(\beta + \frac{eB}{\hbar}x\right)^2\right\}u = 0 \tag{5.28}$$

となる．$E - (\hbar^2/2m)k_z^2 = E'$ とおくと，

$$-\frac{\hbar^2}{2m}\frac{\partial^2 u}{\partial x^2} + \frac{\hbar^2}{2m}\left(\frac{eB}{\hbar}x + \beta\right)^2 u = E'u \tag{5.29}$$

が得られる．これは $x+(\hbar\beta/eB)$ をあらためて x とおけばすぐわかるように，調和振動子のシュレーディンガー方程式にほかならない．磁場中でサイクロトロン運動をする電子は，$x_0 = -\hbar\beta/eB$ を中心とする調和振動子と同等であることがわかる．左辺の x^2 の比例係数が単振動のばね定数に相当するから，固有振動数は

$$\omega_H = \frac{eB}{m} \tag{5.30}$$

であり，単振動の中心座標は $x_0 = -\hbar\beta/m\omega_H$ である．

固有エネルギーは，量子数 n を用いて

$$E' = \left(n + \frac{1}{2}\right)\hbar\omega_H \tag{5.31}$$

となり，z 方向の運動もとり入れると $E = E' + (\hbar^2/2m)k_z^2$ となる．エネルギー量子が，サイクロトロン円運動の角振動数 ω_H の $\hbar$ 倍で与えられることは当然予想された結果である．図 5.5 はエネルギーと z 方向波数 k_z との分散関係である．z 方向の運動は磁場のローレンツ力の影響を受けないから，磁場がないときと同じ放物線型の分散関係が得られる．しかし，x 方向と y 方向には放物線型の分散関係がなくなり，とびとびのエネルギー準位が得られる．xy 面内ではローレンツ力によって，もはや並進運動が許されなくなったことの現れである．xy 面内で調和振動子型になったエネルギー準位を**ランダウ準位**とよび，上の考察の量子化を**ランダウ量子化**という．

次のことに注意しよう．ランダウ量子化の結果によれば，xy 面内では電子は円運動をして並進できず，実際，エネルギーは分散をもたない準位になってしまう．したがって，電子の並

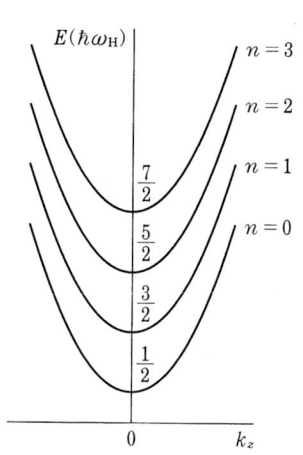

図 5.5 z 方向の磁場のもとでのランダウ準位

§5.2 電流磁気効果とランダウ量子化

進運動の速度はゼロであり，前節で考えた磁気抵抗の考えでは伝導率がゼロになるはずである．しかし，電子が不純物や格子振動によって散乱を受けると，そのつどランダウ量子化状態が壊されて，新たにサイクロトロン運動が始まる．現実の物質では，この過程のくり返しによって磁場のもとでの電気伝導が生じる．このことを別の観点から見ると次のように理解できる．ランダウ準位が意味をもつのは，系の温度を T として，準位間隔 $\hbar\omega_H = \hbar eB/m$ が $k_B T$ より十分大きいときである．また，不純物など，絶対零度でも存在する散乱の原因があるときは，その散乱緩和時間を τ とすると，$\hbar/\tau \ll \hbar eB/m$ が準位が意味をもつための条件である．これらの逆の極限では，磁場の効果は単に電子の軌道を曲げることだと考えてよく，ランダウ量子化の立場をとる必要はない．ちなみに，自由電子では $\hbar eB/m$ が 1 K の熱エネルギーに相当するのは $B = 0.8$ T の磁場である．超伝導磁石を用いると 10 T 程度の磁場は容易に作れるので，10 K 程度以下の温度が得られるなら，ランダウ量子化された電子状態を実験的に調べることができる．

　磁場に垂直な xy 面内の運動だけを考えるとき，絶対零度では，電子はランダウ準位を適当なところまで占有する．占有状態の最大エネルギーがフェルミポテンシャルである．占有の様子を知るためには，ランダウ準位の縮退度を求める必要がある．上のシュレーディンガー方程式の解で，円運動の中心座標は $x_0 = \hbar\beta/m\omega_H$ であるが，これが系の外に出ることはできない．したがって，系の x 方向の長さを L_x とすると $0 \leqq x_0 < L_x$ であり，$0 \leqq \beta < (eB/\hbar)L_x$ が得られる．β は波動関数 ψ の形からわかるように，ちょうど波数の役割をしている．したがって，β の長さ $(eB/\hbar)L_x$ の区間の中には $\{(eB/\hbar)L_x\}/(2\pi/L_y)$ だけの状態がある．これが図5.5のひとつの状態の縮退度であると考えられる．つまり，ランダウ準位の n と k_z で指定されるそれぞれの状態の縮退度を p とすると，

$$p = \frac{eB}{2\pi\hbar} L_x L_y \tag{5.32}$$

である.

　強磁場の下で電子系がランダウ量子化されているとき，磁場を変化させながら磁化率などの熱力学量を測定すると，そこに振動が見られる．これを**ド・ハース効果**とよび，振動を解析することによって電子系の状態をくわしく知ることができる．ランダウ準位のエネルギーは磁場に比例するから，磁場に対する準位の変化は図5.6(a)のようになる．ある磁場B_0で$n=0$から$n=N$までの準位が完全に占有され，これ以上の準位は空だとしよう．このときの準位の占有状態は図5.6(b)のようであり，フェルミポテンシャルは図のように，$n=N$と$n=N+1$との中間にある．ここで磁場を強くすると各準位は上がっていくが，同時に準位の縮退度が増加する．したがって，B_0より少し強い磁場では，図5.6(c)のように$n=N$の準位に空きができる．したがって，フェルミポテンシャルは$n=N$の準位の中にある．もっと磁場を強くすると，やがて$n=N$の準位が完全に空で，$n=N-1$までの準位が完全に占有された状態になり，フェルミポテンシャルは$n=N$と$n=N-1$との中間にくる．磁場の変化とともにこれがくり返される．系の自由エネルギーにはこのことが反映されるはずだから，自由エネルギーは磁場の変化とともに振動する．磁化率などの熱力学量は自由エ

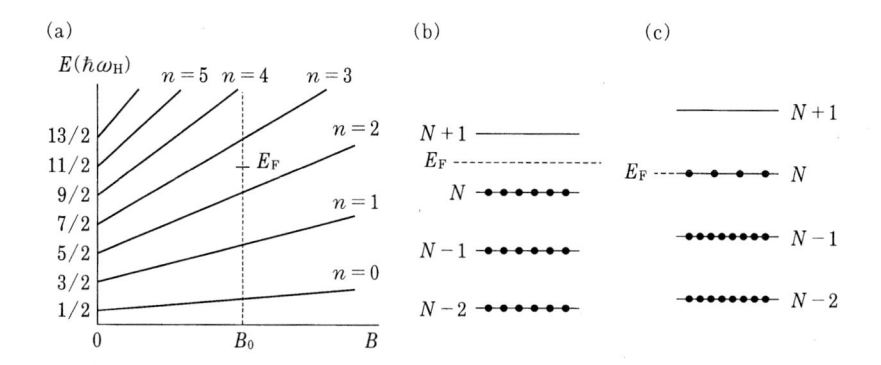

図5.6 ド・ハース効果．(a) ランダウ準位の磁場変化，(b) ある磁場のもとでのランダウ準位の占有，(c) 磁場を少し増したときのランダウ準位の占有．

ネルギーの微分で求められるから，それらの熱力学量は磁場変化にともなって振動する．この振動をくわしく調べると，振動は $1/B$ に対して周期的であることがわかる．その周期を調べることによって，電子系の有効質量など，より厳密に言えば，電子系のフェルミ面を磁場に垂直な平面で切った断面積の極値がわかる．磁場をさまざまな方向から試料に加えることにより，フェルミ面の 3 次元的な形を知ることができる．ド・ハース効果はフェルミ面の形を知るための数少ない手段のひとつである．

5.2.5 量子ホール効果

ホール抵抗は $-B/ne$ で与えられることを学んだ．ホール抵抗は電子数と磁束密度 B の関数であるが，電子数を単調に変化させるとホール抵抗が階段的に変化することが発見された．階段のステップの高さを精密に測定すると，h/e^2 およびその $1/2, 1/3, \cdots$ であることがわかった．つまり，電子数を連続変化させると，連続変化するはずのホール抵抗が普遍定数 h/e^2 とその整数分の 1 にいわば量子化されるのである．このように抵抗が量子化されたホール効果を**量子ホール効果**とよぶ．

量子ホール効果の起因はつぎのように理解されている．一定磁場の下でランダウ準位を占有する電子数を増やすとしよう．電子数を増やすことは，単純な導体ではきわめて困難だが，半導体の表面に誘起した 2 次元電子系であれば，電子数密度を人為的に変化させることができる．ちょうど指数 N のランダウ準位までが完全に占有され，$N+1$ 以上が空であるとしよう．このときのホール抵抗は $-B/ne$ であるが，電子数密度 n は，電子が占有している準位の数 N に各準位の縮退度 $(eB/2\pi\hbar)L_xL_y$ を掛け，周期的境界条件を適用している系のサイズ L_xL_y で割ったもので与えられ，$n = eB/h$ となる．したがって，ホール抵抗は $-h/e^2$ である．ただし，負号は電子に対するものであり，正孔であれば正である．

さてここで電子数を少し増したとしよう．そのとき増加した電子は指数

$N+1$ の準位に入り始めるが，そのような電子は系の中で動くことができず，したがってホール効果を担うこともできないのである．したがって，ホール抵抗は電子数の増加に際してしばらく一定の量子化値に保たれることになる．このようなことが起こる原因は，電子の**局在**であると考えられている．ひとつのランダウ準位の中には縮退度だけの電子が入れるが，それらのなかで伝導やホール効果を担うのはたった一つの電子状態であり，他の電子状態はすべて局在してしまうのである．局在が起こるのは，物質中に必ず不純物があり，さらに電子系が2次元性をもつからだと考えられている．ところで，もしそうなら，上の計算で電子数密度として，各ランダウ準位の縮退度いっぱいに詰まった電子数を使うのはおかしいように思える．くわしい研究によれば，ひとつの準位ごとに1個だけある動ける電子状態が，残りの局在した電子数の分に相当するホール抵抗をもたらすと考えてよいことがわかっている．

量子ホール効果はきわめて興味深く重要な現象である．純物理学的には，電気抵抗が物質の種類や大きさ，測定に用いる電流や磁場に一切無関係に，普遍定数だけで与えられるということは驚くべきことである．また，量子ホール効果は，技術的，社会的にも非常に重要である．抵抗が h/e^2 という普遍物理定数で与えられるのだから，万古不変の電気抵抗の標準として使える．昔は**標準抵抗器**を各国政府が貴重品として保管・管理していたが，それでも経年変化などを抑えるのはむずかしいことであった．しかし，量子ホール効果を使えばそのような問題はすべて解消する．1990年以来，わが国でも量子ホール効果が抵抗標準として定められている．

§5.3 一般の輸送現象

5.3.1 電荷の輸送とエネルギーの輸送

いままでは電子による電気伝導を考えてきた．それは，電場のもとで電子が電荷を運ぶことによってもたらされる．ところで，物質の温度が一様でな

ければ熱伝導が起こるであろう．熱伝導はエネルギーの輸送現象だから，格子振動の伝播によっても熱エネルギーが運ばれるし，物質の高温の部分で大きい運動エネルギーをもった電子が，低温部分に拡散することによって熱エネルギーを運ぶことも可能である．そうであれば，温度勾配によって電子の輸送が起こるのだから，それにともなって電荷も輸送され電気伝導も起こるはずである．これは**熱電効果**のひとつで，特にゼーベック効果とよばれる．

電場を加えると電流が流れるが，その逆の効果として，電流を流せば電位差が生じて電場が現れる．それならば，ゼーベック効果の逆効果として，電流を流すと温度差が生じることも期待される．実際そのとおりであり，これは**ペルチエ効果**とよばれる．

以下では熱伝導と熱電効果について学ぼう．電子による電気伝導は，基本的には次の方程式

$$\boldsymbol{j} = -2e\sum_k \boldsymbol{v}_k f_k \tag{5.33}$$

で記述されることを前節までに学んだ．ここでフェルミ分布関数 f_k は波数を介して電子のエネルギー E_k および温度だけの関数であるとした．しかし，物質中で温度が一様でないときは，フェルミ分布関数は位置座標の関数でもある．したがって，

$$\left.\begin{aligned}\boldsymbol{j} &= e^2 K_0 \cdot \boldsymbol{E} + \frac{e}{T} K_1 \cdot (-\nabla T) \\ K_0 &= -2\frac{1}{V}\sum_k \boldsymbol{v}_k \boldsymbol{v}_k \tau \frac{\partial f_k}{\partial E} \\ K_1 &= -2\frac{1}{V}\sum_k (E_k - \zeta)\boldsymbol{v}_k \boldsymbol{v}_k \tau \frac{\partial f_k}{\partial E}\end{aligned}\right\} \tag{5.34}$$

と書ける．

さて，電流は電子が電荷 $-e$ を運ぶ流れであるが，熱流密度 $\boldsymbol{u}$ は電子がフェルミポテンシャルを越えた分だけのエネルギーを運ぶ流れだから，上の電流の表式の $-e$ を $E_k - \zeta$ で置き換えれば求められる．

68　5. 電子の運動と輸送現象

$$\left.\begin{array}{l} \boldsymbol{u} = eK_1\cdot\boldsymbol{E} + \dfrac{1}{T}K_2\cdot(-\nabla T) \\[2mm] K_2 = -2\dfrac{1}{V}\displaystyle\sum_{k}(E_k-\zeta)^2\boldsymbol{v}_k\boldsymbol{v}_k\tau\dfrac{\partial f_k}{\partial E} \end{array}\right\} \quad (5.35)$$

次節では，これらの表式を用いて，熱伝導と熱電効果を調べよう．

5.3.2 熱伝導

物質に電流を流さず温度差だけを与えると，電流の表式 (5.34) で $j=0$ だから，$E=(1/eT)K_0^{-1}K_1\nabla T$ となる．これは，温度差にともなって発生する熱起電力を表しているが，その考察は次節で行う．熱流密度 $\boldsymbol{u}$ の表式にこの電場の表式を代入して，

$$\boldsymbol{u} = \frac{1}{T}K_1K_0^{-1}K_1\cdot\nabla T - \frac{1}{T}K_2\cdot\nabla T \qquad (5.36)$$

が得られる．右辺第 1 項は，熱起電力電場による電子の流れを表し，第 2 項は拡散による流れである．

熱伝導率 κ を $\boldsymbol{u}=\kappa\cdot(-\nabla T)$ で定義しよう．金属では上の第 1 項の効果は小さいのでこれを無視して，

$$\kappa = \frac{1}{T}K_2 = \frac{\pi^2}{3T}(k_\mathrm{B}T)^2 K_0(\zeta) \qquad (5.37)$$

が得られる．ここで K_0 は，(5.34) を見ると温度が一様なときの電気伝導率 σ を表しており，$\sigma=e^2K_0$ である．したがって，

$$\kappa = \frac{\pi^2}{3}\frac{k_\mathrm{B}^2}{e^2}T\sigma \qquad (5.38)$$

である．熱伝導率が電気伝導率に比例するというこの関係をヴィーデマン-フランツの法則という．

ヴィーデマン-フランツの法則は次のような物理的意味をもっている．電子は電場によって $-eE$ の力を受けて $-e$ の電荷を運ぶから，流れの大きさは e^2E に比例し，電気伝導率は e^2 に比例する．これに対して，物質中に温度勾配があるとき，熱エネルギーの勾配 $k_\mathrm{B}\nabla T$ が温度勾配による "力"

に相当すると考えられる.運ばれるエネルギーは k_BT だから,エネルギー流の大きさは $k_B^2T\nabla T$ に比例し,熱伝導率は k_B^2T に比例する.したがって,熱伝導率と電気伝導率の比は k_B^2T/e^2 となる.

5.3.3 熱電効果

前節で,物質に電流を流さず温度勾配だけを与えると,電場

$$\boldsymbol{E} = \frac{1}{eT}(K_0^{-1}K_1)\nabla T = Q\nabla T \tag{5.39}$$

が生じることがわかった.Q を熱電能とよぶ.物質の長さにそってこれを積分すると,

$$V = \int_1^2 Q\nabla T\, dl = \int_{T(1)}^{T(2)} Q\, dT \tag{5.40}$$

これが温度差 $T(2) - T(1)$ のもとでの熱起電力である.

2つの物質を電気的,熱的に接合すると,2つの物質の熱電能の差に起因する起電力が生じる.これをゼーベック効果とよぶ.ゼーベック効果は温度差を電気信号として取り出して測定する方法であり,温度計測の目的で用いられることが多い.接続の一端を温度定点に熱接触させておき,他端の温度を測定することができる.また原理的には,熱電変換の発電装置として用いることも可能である.

ゼーベック効果の逆効果はペルティエ効果とよばれる.(5.34),(5.35)で温度差を与えないならば,$\boldsymbol{u} = eK_1\boldsymbol{E}$,$\boldsymbol{j} = e^2K_0\boldsymbol{E}$ だから,

$$\boldsymbol{u} = \frac{1}{e}K_0^{-1}K_1\boldsymbol{j} = P\boldsymbol{j} \tag{5.41}$$

となる.電流を流すと熱流が生じることを意味する.物を冷却するときにペルティエ効果を用いると,コンプレッサーなどの大型で振動する機器を必要とせず,また氷,ドライアイス,液体窒素などの寒剤も必要としない.この特徴を利用して,ペルティエ効果は小型で振動のない冷却法として,特殊な冷蔵庫や各種精密機器の冷却に用いられている.

演習問題

[1] ポリアセチレン $(CH)_x$ の構造を簡単化し，炭素原子の1次元鎖で原子間距離が，長 — 短 — 長 — 短と交互になっているものとする．炭素原子が1個ずつのパイ電子をもっており，これが伝導帯にあるものとする．
  (1) このモデルでポリアセチレンが絶縁体であることを示せ．
  (2) カリウムまたはヨウ素を少量添加すると，これらは K^+ または I^- となり，ポリアセチレンとの電子のやりとりが起こる．このとき，ポリアセチレンでは電気伝導が起こるが，電流の担い手は何か．

[2] サイクロトロン運動を表す式 (5.20) を導け．

[3] 磁場の下での電気伝導率テンソルの式 (5.21) を求めよ．

奇妙なブロッホ振動

電気伝導率は散乱緩和時間 τ に比例するから，もし τ が無限大であれば電気伝導率が無限大になるのだろうか．第3，5章のいずれの取扱いでも，電場のもとで電子の速度分布が熱平衡から少しずれた定常状態で電流が流れるとしている．しかし，もし $\tau \to \infty$ なら分布のずれが定常にはならない．実は，電流は振動するだけで直流電流が流れることはない．これをブロッホ振動という．

理由は簡単である．伝導帯の中の1電子を考えると，直流電場のもとで波数はどんどん変化していき，やがてブリュアン域の端に達する．そこで，電子は逆格子ベクトルだけの波数変化を受けてブリュアン域の反対側の端に跳ぶ（これは Umklapp 過程である）．反対側では速度ベクトルが逆向きである．このようにして電子は行きつもどりつするだけなので，直流電流は流れない．

この現象にはブロッホ電子と真空中の電子との違いが端的に現れている．一見自由電子に近いようであっても，ブロッホ電子はあくまで周期ポテンシャルのなかで回折をくり返している状態なのである．

6 半導体と電子デバイス

　半導体技術は20世紀後半に爆発的な発展を遂げた．いまや半導体の活躍する範囲を限定することはほとんど不可能であり，われわれが生きて活動するあらゆる時，場所，機会に深く浸透している．いまなお半導体の技術開発はとどまるところを知らない．しかしながらその半導体技術の物理的原理は，20世紀半ばに物性物理学によってほぼ解明し尽くされている．本章では，半導体技術の基本原理としての半導体物理を学ぼう．

§6.1　真性半導体と不純物半導体

　半導体とは単に電気抵抗が高い導体のことではない．ブロッホ電子のエネルギー帯の構造に直結した明確な物理的意味がある．絶対零度では，あるエネルギーまでのエネルギー帯が完全に電子に占有され，禁制帯で隔てられて，それより高いエネルギー域にあるエネルギー帯には電子が全くいない物質を半導体という．電気的には電流が流れないから，**バンド絶縁体**といってもよい．

　有限の温度では，詰まったエネルギー帯，つまり価電子帯の電子が，熱エネルギーによってある確率で空いたエネルギー帯，つまり伝導帯に励起される．したがって，価電子帯と伝導帯には，同数の正孔と電子とがそれぞれ存在して電気伝導を担う．このような半導体を**真性半導体**とよぶ．電子と正孔はどちらも電流を担うことができるから，半導体物理ではこれらを合わせて

キャリヤと包括的によぶことが多い．シリコンなどの代表的半導体では，禁制帯のエネルギー幅はおよそ 1 eV 程度の大きさであり，室温の熱エネルギーは 30 meV 程度である．したがって，電子の励起確率は 10^{-10} 程度以下できわめて小さい．通常の物質は 10^{22} cm^{-3} 程度の電子密度をもち，金属ならそれがほぼ伝導電子の密度になるが，真性半導体では電子と正孔の数密度は 10^{12} cm^{-3} 程度以下である．

図 6.1 のように価電子帯の最大エネルギーの状態と，伝導帯の最低エネルギーの状態とが異なる波数をもつことがある．このとき禁制帯のエネルギー幅は問題によって異なる．たとえば，価電子帯の最大エネルギーの電子が熱的に励起されるときは，図に矢印で示したような励起が可能である．このとき電子は**間接ギャップ**を越えて励起されたという．一方，光を照射して励起するときは波数変化がほとんどなく，図に示した**直接ギャップ**を越える励起が起こる．

ある温度 T における真性半導体のキャリヤ密度は次のように計算できる．図 6.2 のような一般的な真性半導体のバンド構造を考えよう．電子の存在確率を表すフェルミ分布関数 $f(E) = 1/\{e^{(E-\zeta)/k_B T} + 1\}$ を用いると，価電子帯の正孔の数は電子が存在しない確率 $1 - f(E)$ に状態密度 $D(E)$ を掛け

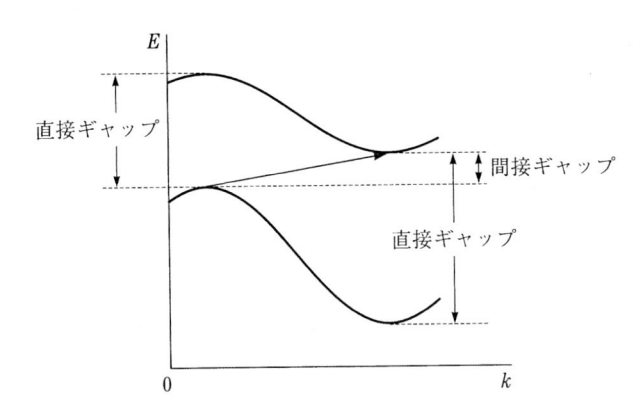

図 6.1 間接ギャップと直接ギャップ

§6.1 真性半導体と不純物半導体　73

たものであり，伝導帯の電子の数は $f(E)$ に状態密度を掛けたものである．ここで ζ はフェルミポテンシャルである．したがって，電子数 n_e と正孔数 n_h は次の式で表される．

$$n_\mathrm{e} = \int_{E_{\mathrm{c}0}}^{\infty} f(E) D(E) \, dE \tag{6.1}$$

$$n_\mathrm{h} = \int_{0}^{E_{\mathrm{v}0}} \{1 - f(E)\} D(E) \, dE \tag{6.2}$$

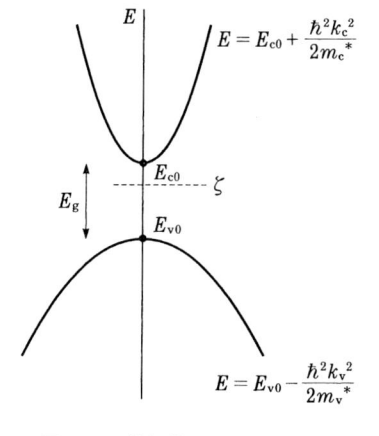

図 **6.2** 禁制帯の中のフェルミポテンシャル

ただし，$E_{\mathrm{v}0}$ と $E_{\mathrm{c}0}$ はそれぞれ価電子帯の最高エネルギーと，伝導帯の最低エネルギーを表す．状態密度は一般的にはエネルギー帯構造の詳細に依存するが，いまの場合は価電子帯の頂上（最高エネルギー）付近と，伝導帯の底（最低エネルギー）付近だけが重要である．なぜなら，電子の熱励起の確率は指数関数で表されるから，頂上と底付近がかかわる励起が支配的であり，それ以外のエネルギー状態が関係する励起確率は無視できるからである．さて，状態密度は一般にどう書けるだろうか．まず，どのようなバンドモデルを使ったとしても，頂上と底付近の電子状態のエネルギーは次のような放物線型の分散関係で表される．

$$E = E_{\mathrm{v}0} - \frac{\hbar^2 k_\mathrm{v}^2}{2m_\mathrm{v}^*} \tag{6.3}$$

$$E = E_{\mathrm{c}0} + \frac{\hbar^2 k_\mathrm{c}^2}{2m_\mathrm{c}^*} \tag{6.4}$$

m_v^* と m_c^* はそれぞれ価電子帯の頂上と伝導帯の底付近での有効質量であり，その異方性はないものとした．また，波数 k_v と k_c はそれぞれ頂上および底の波数から測った波数ベクトルの絶対値である（価電子帯の頂上の波数と，伝導帯の底の波数とが同じとは限らないことに注意）．この分散関係を

使って，価電子帯の状態密度 $D_\mathrm{v}(E)$ と伝導帯の状態密度 $D_\mathrm{c}(E)$ が次のように得られる．

$$D_\mathrm{v}(E) = \frac{1}{2\pi^2}\left(\frac{2m_\mathrm{v}^*}{\hbar^2}\right)^{3/2}(E_\mathrm{v0}-E)^{1/2} \tag{6.5}$$

$$D_\mathrm{c}(E) = \frac{1}{2\pi^2}\left(\frac{2m_\mathrm{c}^*}{\hbar^2}\right)^{3/2}(E-E_\mathrm{c0})^{1/2} \tag{6.6}$$

これらを上の電子密度と正孔密度の表式に代入すると，積分は，たとえば電子については

$$\begin{aligned}n_\mathrm{e} &= \int_{E_\mathrm{c0}}^{\infty} f(E)D(E)\,dE \\ &= \frac{1}{2\pi^2}\frac{2m_\mathrm{c}^*}{\hbar^2}\exp\left(\frac{\zeta-E_\mathrm{c0}}{k_\mathrm{B}T}\right)\int_{E_\mathrm{c0}}^{\infty}(E-E_\mathrm{c0})^{1/2}\exp\left(-\frac{E-E_\mathrm{c0}}{k_\mathrm{B}T}\right)dE\end{aligned} \tag{6.7}$$

となる．ここで $x=(E-E_\mathrm{c0})/k_\mathrm{B}T$ とおき，積分公式

$$\int_0^{\infty} x^n e^{-ax}\,dx = \frac{\Gamma(n+1)}{a^{n+1}}, \qquad \Gamma\left(\frac{3}{2}\right)=\frac{\sqrt{\pi}}{2} \tag{6.8}$$

を用いると，

$$n_\mathrm{e} = 2\left(\frac{m_\mathrm{c}^* k_\mathrm{B}T}{2\pi\hbar^2}\right)^{3/2}\exp\left(\frac{\zeta-E_\mathrm{c0}}{k_\mathrm{B}T}\right) \tag{6.9}$$

となる．同様の計算をして，正孔については

$$n_\mathrm{h} = 2\left(\frac{m_\mathrm{v}^* k_\mathrm{B}T}{2\pi\hbar^2}\right)^{3/2}\exp\left(\frac{E_\mathrm{v0}-\zeta}{k_\mathrm{B}T}\right) \tag{6.10}$$

が得られる．これらの積を作ると，

$$n_\mathrm{e}\cdot n_\mathrm{h} = 4\left(\frac{k_\mathrm{B}T}{2\pi\hbar^2}\right)^3 (m_\mathrm{c}^* m_\mathrm{v}^*)^{3/2}\exp\left(-\frac{E_\mathrm{g}}{k_\mathrm{B}T}\right) \tag{6.11}$$

となる．ただし，$E_\mathrm{g} \equiv E_\mathrm{c0}-E_\mathrm{v0}$ は禁制帯のエネルギー幅（バンドギャップのエネルギー）である．

電子密度と正孔密度は等しいから，上の n_e と n_h の表式を使い，対数をとると，

§6.1 真性半導体と不純物半導体

$$\zeta = \frac{E_{c0} + E_{v0}}{2} + \frac{3}{4} k_B T \ln\left(\frac{m_v^*}{m_c^*}\right) \tag{6.12}$$

が得られる．

以上の結果から次のことがわかる．まずフェルミポテンシャル ζ は，禁制帯のちょうど中央にあるとは限らない．中央に位置するのは，$m_v^* = m_c^*$，つまり，価電子帯の頂上付近と伝導帯の底付近の分散関係が，同一の有効質量で表現できるときだけである．次に，電子と正孔の励起確率は，励起すべきエネルギーと熱エネルギーの比で決まると考えられるが，上の表式から明らかなように，励起すべきエネルギーは $E_{c0} - E_{v0}$ ではなく，$E_{c0} - \zeta$ および $\zeta - E_{v0}$ である．もし $m_e^* = m_h^*$ ならば，励起確率は $\exp(-E_g/2k_BT)$ であり，励起すべきエネルギーは $E_g/2$ である．これは不思議な結果ではない．なぜなら，熱エネルギー k_B が価電子帯の電子に与えられて伝導帯への励起が起こるとき，同時に正孔が生まれる．したがって，電子と正孔それぞれについては $E_g/2$ ずつのエネルギーが与えられたと考えることができる．

真性半導体に不純物を添加し，その不純物が熱エネルギーによって陽イオン化されるならば，半導体中に解離した電子ができる．解離した電子は伝導帯に入る．不純物が陰イオンになるときは，価電子帯から電子を奪うから，正孔が生まれる．このような機構による半導体を**不純物半導体**という．実用の半導体はほとんどすべて不純物半導体である．

半導体に不純物原子を添加して電子や正孔を注入する（ドーピング）ことを**電子注入，正孔注入，キャリヤ注入**などという．たとえば，シリコン結晶にリンを添加すると，リン原子はシリコン原子の代りに結晶の正規の位置を占める．しかし，リンは 3s 電子をシリコンより1個余分に持っているので，結晶の結合を作った後に電子が1個余る．リン原子自身は ＋1 価のイオンとなる．余った1個の電子はリンイオンのクーロンポテンシャルのもとで水素原子に似た電子状態を作る．ただし，電子の軌道半径はボーア半径よりか

なり大きく，またエネルギー準位の間隔も小さいのが普通である．なぜなら，クーロン力が物質の比誘電率の分だけ弱められ，また多くの半導体では電子の有効質量が自由電子より小さいからである．軌道半径 a と基底状態のエネルギー E_b を求めるには，水素原子のボーア半径と基底状態のエネルギーの表式で，自由電子質量 m_e を有効質量 m^* で置き換え，真空の誘電率 ε_0 を物質の比誘電率 ε を用いて $\varepsilon\varepsilon_0$ で置き換えればよかろう．したがって

$$E_b = \frac{e^4 m^*}{2\varepsilon^2 \varepsilon_0^2 \hbar^2} = Ry\left(\frac{m^*}{m_e}\right)\frac{1}{\varepsilon^2} \tag{6.13}$$

$$a = \frac{\varepsilon\varepsilon_0 \hbar^2}{m^* e^2} = a_B \varepsilon\left(\frac{m_e}{m^*}\right) \tag{6.14}$$

ただし，Ry と a_B はそれぞれ水素原子の電子の基底状態のエネルギー (13.6 eV) とボーア半径 (0.53 Å) である．通常の半導体では，$\varepsilon \sim 10$ 程度，$m^* \sim 0.1$ 程度なので，$E_b \sim 10$ meV，$a \sim 50$ Å 程度と見積れる．

リンから完全に解離された電子の状態は，ちょうど伝導帯の最低エネルギー状態に相当するはずだから，それより低いエネルギー域にリンに束縛された電子のエネルギー準位が現れる．エネルギー状態を図示すると図 6.3 のようになる．この束縛電子のエネルギー準位を**不純物準位**という．この電子の束縛エネルギーは，室温の熱エネルギー約 30 meV で容易に励起され，伝導帯に自由な電子状態が生じる．このように，不純物から熱励起された電子が伝導帯に入っている半導体のキャリヤは負電荷を帯びており，このような半導体を **n 型半導体**という．もしシリコンより電子が 1 個少ないアルミニウムを不純物として添加すると逆のことが起こる．アルミニウムが価電子帯の電子を奪って価電子帯のすぐ上に不純物準位ができ，価電子帯には正の電荷をもった正孔が生まれ

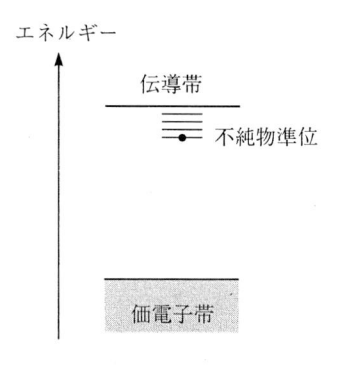

図 6.3 半導体の不純物準位

る．このような半導体を **p 型半導体** とよぶ．

　不純物半導体では，キャリヤ密度は不純物密度と温度とで決まる．不純物密度が高くてキャリヤ密度が高いなら，その密度で決まるフェルミ温度以下で電子系がフェルミ縮退を起こして金属の性質を示す．実用の電子技術では，このような状態の半導体を使うことはまれである．ほとんどの半導体では，熱励起されたキャリヤのエネルギー分布はフェルミ統計を使うまでもなく，古典統計力学のボルツマン統計で記述できる．

§6.2　バンド構造と pn 接合

　電子回路の心臓ともいうべき半導体は，ほとんどすべて p 型と n 型半導体を接合したものである．接合によって整流，増幅などの機能が生まれる．

　p 型と n 型の接合を作ると，図 6.4 のようなエネルギー構造ができる．フェルミポテンシャルはひとつの系の中で場所によらず一定である．なぜなら，もしポテンシャルの空間変化があればそれによって電荷が力を受け，フェルミポテンシャルが一定になるまで電荷の移動が起こるからである．n 型側の接合領域では，不純物準位が上がって準位が完全に空になり，相対的に正の電荷が現れる．この電荷は陽イオンそのものだから動けない．p 型側では不純物準位が電子で埋められるので，相対的に負の電荷が現れる．これも陰イオンの性格をもつからやはり動くことができない．これらの電荷を **空間電荷** とよび，正負の空間電荷が電気二重層（双極子層）を作る．そこでは強い内部電場が生じて電子は n 型半導体の領域へ，正孔は p 型の領域へ押し出されてしまうので，このような領域を **空乏層** とよぶ．図 6.4 のエネルギー

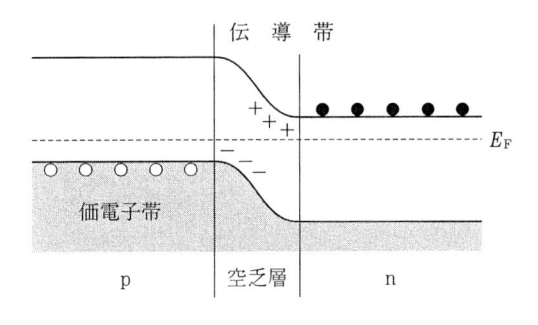

図 6.4　半導体の pn 接合

構造の全体をみると，n型半導体の側では電子濃度が高いから，p型半導体の側の高いポテンシャルに向かって電子がいくらか拡散すると考えられる．しかし一方，p型の領域で熱的に伝導帯に励起された電子は，空間電荷の電場によってn型に向かって力を受ける．両者がつり合って，電子の流れは起こらない．正孔で考えても同じである．

このpn接合に電位差Vの電源をつなぐと電流の整流性が現れる．図6.5(a)のようにp型の側を電源の陽極，n型の側を陰極につなぐことを**順バイアス**という．順バイアスでは，電子のエネルギー構造でいえばp型の側のポテンシャルがVだけ相対的に下げられたことになる．したがって，電子がp型領域へ拡散する際のポテンシャルがVだけ下げられたから，拡散する電子の数が$\exp(|e|V/k_B T)$に比例して増す．正孔の運動で考えても同じである．**逆バイアス**を加えるとちょうど逆のことが起こるから，Vが負になると考えればよい．したがって，一般に電圧と電流の関係は図6.5(b)のようになり，順バイアスでは電圧とともに電流が急激に増えるが，逆バイアスでは電流はほとんど流れない．この機能を使えば，正負に極性が振動する交流電流の一方の極性の電流だけを通すことができ，交流を整流して直流を得ることができる．このような動作をする半導体素子を**ダイオード**とよぶ．

pn接合にさらにp型またはn型半導体を接合すると，npnまたはpnp接合ができる．これに3本の電線をつけて電源につなぐと増幅作用が生まれ

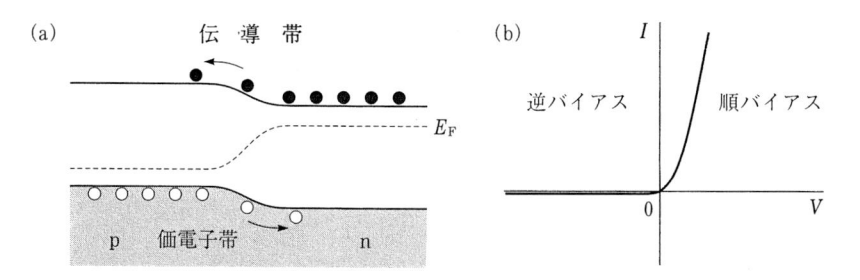

図6.5 pn接合の整流性

る．これを**トランジスタ**，あるいは電子と正孔の両方がかかわっているので**バイポーラトランジスタ**とよぶ．両端のn型（またはp型）の部分の一方を**エミッタ**，他方を**コレクタ**とよび，中間のp型（またはn型）の部分をベースという．エミッタ，コレクタという名称は，それぞれ電子を放出する，集めるという意味である．

図6.6はnpnトランジスタの概念的な構造と電子のエネルギー状態を示している．コレクタ，エミッタ間に適当な電圧（通常は数V～数十V）を加え，ベースには正の小さい電圧を加える．上の接合の考察でわかったことを適用すると，まずベース電位をエミッタ電位に等しくすると，図6.6(b)のように，特に電流は流れない．ここで図6.6(c)のようにエミッタ，ベースのnp接合に順バイアスを加えると，エミッタからベースに電子が流れ込む．その電子の一部は，ベース領域にたくさんある正孔と結合して正孔を消滅させる．電気的中性を保つために外部からベースに電流が流れ込み，消滅した分だけ正孔を作り出す．ベースは薄く作ってあるので，エミッタから入った電子の大部分は拡散して，コレクタとの接合部に達する．ベース，コレクタには大きい逆バイアスが加えられているので，ベ

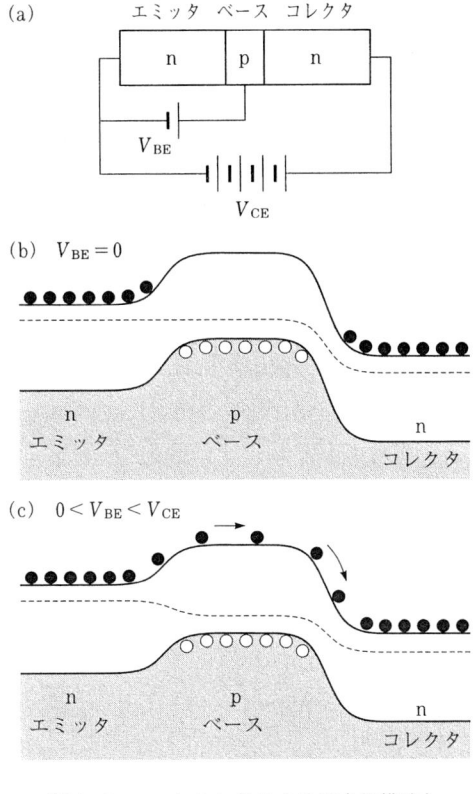

図6.6 npnトランジスタの概念的構造とバンド構造

ース領域の電子の大部分は空乏層の内部電場で加速され，コレクタ領域に流れ込む．このような動作を一言で言えば，ベースに小さい電圧を加えることによってエミッタから大量の電子をベースに流れ込ませ，その一部だけをベースからとり出して残りの大部分の電子をコレクタに送り込むと言える．したがって，わずかなベース電流を変化させることによって，コレクタ‐エミッタ間の大きい電流を制御できることになる．これはベース電流を増幅して大きいエミッタ‐コレクタ間電流を得たとも言える．

pn 接合のダイオードに順バイアスや逆バイアスを加えると，発光素子や光センサーを作ることができる．図 6.7(a) のように接合に逆バイアスを加えると**フォトダイオード**ができる．接合領域に光が入射して価電子帯の電子を伝導帯に励起し，価電子帯には正孔を生み出したとすると，両者は接合部の強い内部電場で加速され，電子は n 型領域へ，正孔は p 型領域へ流れる．これはつまり，ダイオードを含む回路に逆電流が流れたことを意味するから，その電流を外部回路で適当に処理すれば光センサーができる．

図 6.7(b) のように順バイアスを加えると**発光ダイオード**になる．順バイアスによって n 型領域の電子と p 型領域の正孔が接合領域で出会うと，両者が結合して消滅し，禁制帯のエネルギー幅に相当するエネルギーを放出する．適当に作成した接合では，このエネルギーのかなりの部分がフォトンとなって放出される．フォトンのエネルギーは禁制帯の幅で決まるから，かな

(a) フォトダイオード (b) 発光ダイオード

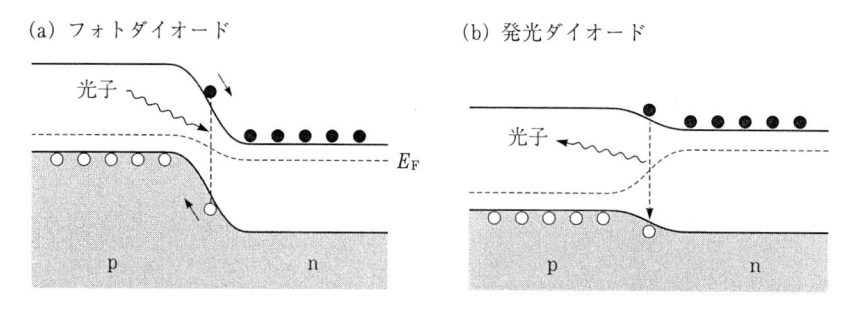

図 6.7 フォトダイオードと発光ダイオードのバンド構造

りエネルギーのそろったフォトン，言い換えれば波長のそろった単色の光が放出される．赤外〜青色の光を発生することができ，赤外光は各種のリモコンに用いられている．

非常に大きい順バイアスを加えると，接合領域での電子と正孔の結合消滅をしのいでキャリヤが蓄積される．これは，電子で言えば熱的平衡分布を超える大量の電子がエネルギーの高い伝導帯に貯まる，つまり熱的な**反転分布**が生じて温度が負になったことを意味する．適当な条件がそろうと，この反転分布の電子系が価電子帯に落ちてエネルギーを放出し，レーザー発振を起こす．発光ダイオードと同様に，赤外〜青色の**半導体レーザー**が実用化されている．

高濃度の不純物を添加すると，伝導帯の電子あるいは価電子帯の正孔の密度が高くなり，室温程度の温度でもフェルミ縮退した電子系（または正孔系）を作ることができる．また，高濃度の場合は接合の空乏層領域の厚さが非常に薄くなる．そこで，pn 接合に図 6.8(a)，(b)のようにバイアスを加えると，電子の量子力学的なトンネル効果が生じて図 6.8(c)のような電流 - 電圧特性が見られる．これを**トンネルダイオード**あるいは発明者の江崎玲於奈博士の名をとって**江崎ダイオード**とよぶ．逆バイアスでは p 型領域の

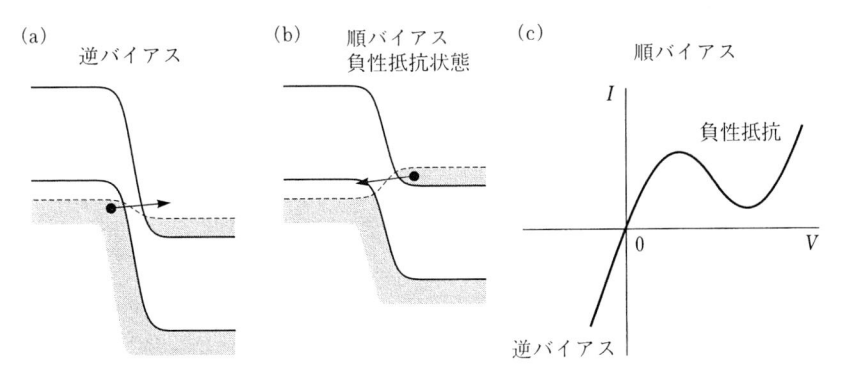

図 **6.8** トンネルダイオード．(a) 逆バイアスでの動作，(b) 順バイアスで負性抵抗状態の動作，(c) 電流 - 電圧特性．

価電子帯を埋めている電子が，空乏層のポテンシャル障壁をトンネルして，n型領域の伝導帯に流れ込む．順バイアスでは逆にn型領域の伝導帯の電子が，p型領域の価電子帯に流れ込む．バイアス電圧を増すと伝導帯の底が上がり，トンネルしても価電子帯に受け入れるエネルギー準位がなくなるので，電流が減少する．さらにバイアスを増すと，通常のダイオードと同様の機構で電子がp型領域に流れ，正孔がn型領域に流れて，再び電流が増える．トンネル効果は通常のダイオードのキャリヤの拡散よりはるかに速い現象なので，高速のスイッチ素子として使うことができる．

　半導体の電子構造は，基本的には電子が詰まった価電子帯と空の伝導帯が禁制帯を挟んで隔てられ，その間にフェルミ準位が入ったものである．ひとつの半導体に別の物質，たとえば禁制帯のエネルギー幅の異なる半導体や禁制帯をもたない金属などを接合すると，平衡状態では両者のフェルミ準位が一致して空間的に一定にならなければならない．また，両者に電源をつないで電位差を与えると，それは2つの物質のフェルミ準位に差をもたらすことになる．そのエネルギー差は，上で見てきた空乏層のように両者の界面に集中して現れる．このような理由で，接合領域では伝導帯の底や価電子帯の頂上が空間的に曲がる．これらのことを利用すると，バンド構造の異なる半導体や金属を接合して多彩な電子状態と有用な機能を生み出すことができる．半導体物理学では，半導体そのものの基本的電子状態を探求する時代は終っているが，上述のような半導体の特徴を利用して表面や接合面などに自然には存在しない新たな電子状態を作り出し，その電子状態を調べる方向に研究が向かっている．いわば半導体を舞台として使う新たな電子物性の探求である．

ナノ構造

　現代の物性物理では，半導体のバンド構造を自由自在に操って，そこに作られる新たな電子状態に興味がもたれている．電子技術の発展の波及効果として，半導体の表面を数十ナノメートルの細さで精密に加工することができるし，厚さ方向には原子を1層ずつ積み上げていくこともできる．pn接合やpnp接合のような接合を厚さ方向に積み上げていくと，層と層の界面に2次元電子の層を作ることができる．また，表面加工と組み合わせると，微小領域の中に1個の伝導電子を閉じ込めることもでき，そこを電子が出入りすることを制御して，コンピュータの機能を実現することもできる．さらに，シリコンなどの在来の半導体に限らず，さまざまな分子を用いたナノスケールの人工の導体・半導体開発も進められている．

7 磁 性

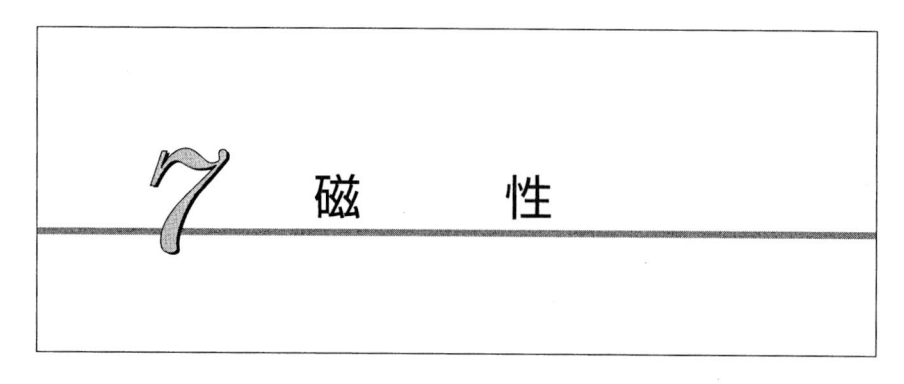

　この章では物質が磁場によって反発力や引力を受けたり，物質それ自身が磁石の性質をもつことについて，電子・原子のミクロな視点から学ぶ．

§7.1　原子の磁気能率とフント則
7.1.1　磁気能率の起因

　古典電磁気学によれば，磁場の起因は電流である．量子力学に進んで，電流のほかにスピン磁気能率も磁場を生み出すことを学んだ．すべての物質で，原子核の周りを回る電子の運動が量子力学的な電流を担うとともに，電子と核子はスピンをもつ．また，導体では伝導電子が巨視的な電流を担うこともある．これらの電流とスピンが磁性の担い手である．

　閉回路を回る電流は磁気双極子の役割を果たす．これはいわば電荷をもった粒子の公転運動である．一方，スピン磁気能率は電荷の自転運動の電流が生み出すと単純に考えることには問題がある．このことは，力学的な角運動量と磁気能率との関係を調べるとわかる．まず公転運動を考えよう．円電流が作る磁場は円の面積を S，電流を I とするとき，磁気双極子 $\mu = IS$ が作る磁場と十分遠方では一致する．円電流が電子の公転運動で生み出されていると考え，円の半径を a，電子の速さを v とすると，$S = \pi a^2$, $I = -ev/2\pi a$ である．電子の質量を m とすると，力学的角運動量は $L = mva$

だから，$\mu = -(e/2m)L$ と書ける．磁気能率 μ と角運動量 L の大きさの比を**磁気回転比**とよぶ．公転運動の磁気回転比は $e/2m$ である．さて，自転運動はどうだろう．電子は有限の大きさの球で，質量と電荷がその内部に一様に分布していると考え，その自転運動の磁気回転比を計算すると，もちろん上の公転運動のときと同じ結果が得られる．実験によれば電子のスピン角運動量は $\hbar/2$ だから，これから期待される磁気能率は $-e\hbar/4m$ である．ところが，実験で観測される磁気能率はこの 2 倍の大きさ $-e/2m$ である．そこで，電子のスピン角運動量 $\hbar S$，$S = 1/2$ に対しては，

$$\mu = -g\mu_B S, \quad \mu_B = \frac{e\hbar}{2m} \tag{7.1}$$

と書き，μ_B を**ボーア磁子**，g を**ランデの g 因子**とよぶ．公転の角運動量 $\hbar L$ に対しては $g = 1$，スピン角運動量 $\hbar S$ に対しては $g = 2$ である．

核子のスピン角運動量と磁気能率の関係は電子の場合と同様であるが，核子の質量は電子の約 1000 倍だから，磁気能率の大きさは電子の 1/1000 程度でしかない．核子の磁気能率が物質の巨視的な磁性に顔を出すことはほとんどない．

電子が軌道角運動量とスピン角運動量の両方をもっているときは，全角運動量 $\hbar J$ は $J = L + S$ となる．これが担う磁気能率 μ_J は $\mu_J = \mu_B(L + 2S)$ であるが，L と S とが平行とは限らないから，$\mu_J = gJ$ と書くなら g は一般にテンソルになる．さらに，スピン–軌道相互作用 $L \cdot S$ があるときはさらに複雑になり，g 値はしばしば 2 を超える．

7.1.2 フント則

多電子原子や分子では，多くの場合，軌道角運動量の和がゼロ，スピン角運動量の和もゼロとなっており，原子・分子の磁気モーメントはゼロである．しかし，3d 遷移金属元素や 4f 希土類元素では，軌道角運動量の和もスピン角運動量の和も有限であることが多く，原子が磁気能率をもって物質の

磁性を担う．このとき，3d電子などのスピン角運動量と軌道角運動量の合成についてフント則とよばれる経験則がある．

フント則は次のようである．1) i番目電子のスピンをs_iと書くとき，全電子スピン$S = \sum_i s_i$を最大にするように各電子のスピン状態が決まる．2) 上の全スピンS最大の条件の下で，全軌道角運動量$\hbar L$は$L = \sum_i l_i$を最大にするように電子状態が決まる．3) 全角運動量$\hbar J$について$J = L + S$の大きさは，電子が3d状態に5個（または4f状態に7個）以下存在するときは$J = |L - S|$となり，5個（4fなら7個）以上あれば$J = |L + S|$となる．フント則の具体的な結果を表7.1に示す．

表 7.1 3d電子（$l = 2$）のフント則

電子数	$l_z = 2$	1	0	-1	-2	S	$L = \|\sum l_z\|$	J	
1	↓					1/2	2	3/2	
2	↓	↓				1	3	2	
3	↓	↓	↓			3/2	3	3/2	$J = \|L - S\|$
4	↓	↓	↓	↓		2	2	0	
5	↓	↓	↓	↓	↓	5/2	0	5/2	
6	↓↑	↑	↑	↑	↑	2	2	4	
7	↓↑	↓↑	↑	↑	↑	3/2	3	9/2	$J = L + S$
8	↓↑	↓↑	↓↑	↑	↑	1	3	4	
9	↓↑	↓↑	↓↑	↓↑	↑	1/2	2	5/2	
10	↓↑	↓↑	↓↑	↓↑	↓↑	0	0	0	

フント則は次のような意味をもっており，その基本にあるのは，3dや4f電子のバンド幅，すなわち運動エネルギーが比較的小さいので，電子間クーロン相互作用を無視できなくなることである．3dや4f状態には，L_zの違いで区別される多くの軌道状態があり，ひとつの状態には$s_z = 1/2$と$s_z = -1/2$の2つの電子が入れる．クーロンエネルギーを下げるためには，2電子が同じ軌道状態に入らなければよい．そのためには多数の電子が同じスピン状態をもち，パウリの排他原理によってそれぞれ異なる軌道にしか入れないようになっていればよい．これが上の第1の規則である．

§7.2 常磁性と反磁性

7.2.1 磁場中の電子

前節で学んだように,磁気モーメントの起因は電子の軌道運動とスピンである.スピンの大きさは 1/2 と決まっているが,軌道運動は普遍的ではなく磁場のローレンツ力の影響を受ける.軌道運動に対する磁場の一般的な効果を見るために,まずスピンを無視し,さらに物質によって異なるポテンシャルも無視して,磁場中の電子状態を考察しよう.磁場のないときのハミルトニアンは $H = \boldsymbol{p}^2/2m$ である.磁場の効果は,運動量演算子 $\boldsymbol{p}$ を $\boldsymbol{p} + e\boldsymbol{A}$ で置き換えることによって表現できるから,磁場中の電子のハミルトニアンは次のようになる.

$$H = \frac{1}{2m}\{\boldsymbol{p} + e\boldsymbol{A}(\boldsymbol{r})\}^2 \qquad (7.2)$$

$\boldsymbol{p}$ と $\boldsymbol{A}(\boldsymbol{r})$ とは交換できないことに注意しよう.さらに磁場が z 方向成分だけをもつとして,ベクトルポテンシャルを $\boldsymbol{A}(\boldsymbol{r}) = (-1/2)\boldsymbol{r} \times \boldsymbol{B}$ と置くと,

$$\begin{aligned}H &= \frac{1}{2m}p^2 - \frac{e}{4m}\{\boldsymbol{p}\cdot(\boldsymbol{r}\times\boldsymbol{B}) + (\boldsymbol{r}\times\boldsymbol{B})\cdot\boldsymbol{p}\} + \frac{e^2}{8m}(x^2+y^2)B^2 \\ &= \frac{1}{2m}p^2 + \mu_\mathrm{B}\boldsymbol{L}\cdot\boldsymbol{B} + \frac{e^2}{8m}(x^2+y^2)B^2 \qquad (7.3)\end{aligned}$$

となる.ただし,角運動量は一般に $\hbar\boldsymbol{L}$ と書けることを使い,また $\mu_\mathrm{B} = e\hbar/2m$ である.

このハミルトニアンの第2項は $\mu_\mathrm{B}\boldsymbol{L}$ という磁気モーメントと磁場との相互作用であり,第3項は磁場に比例して現れた磁気モーメントと磁場との相互作用と見ることができる.磁場が弱いとき,この部分は磁場による摂動だから,それを ΔH と書いて,電子が基底状態 $n = 0$ にあるときの ΔH による摂動エネルギー E を磁場 B の2乗までの範囲で計算しよう.

$$E = \langle 0|\Delta H|0\rangle + \sum_{n\neq 0} \frac{\langle 0|\Delta H|n\rangle^2}{E_0 - E_n}$$

$$= \mu_B \boldsymbol{B}\cdot\langle 0|\boldsymbol{L}|0\rangle + \sum_{n\neq 0} \frac{|\langle 0|\mu_B \boldsymbol{B}\cdot\boldsymbol{L}|n\rangle|^2}{E_0 - E_n} + \frac{e^2}{8m}B^2\langle 0|(x^2+y^2)|0\rangle$$

(7.4)

右辺の第1項によれば,軌道角運動量と磁場が反平行,すなわち軌道運動による磁気モーメントと磁場が平行のときにエネルギーが下がる.これは,磁場とは無関係に軌道角運動量で決まる一定の磁化があり,最低エネルギー状態ではそれが磁場の向きを向くという性質である.このハミルトニアンにスピン磁気モーメントをとり入れると,上の L が $L+gS$ で置き換えられ,スピンと軌道運動の両方による磁気モーメントが生じることになる.後に見るように,このような一定の磁化が熱擾乱によって磁場の向きからはずれ,磁化の統計力学平均が温度の上昇とともに小さくなる磁性を**キュリー常磁性**とよぶ.

第2項のエネルギーは磁場の2乗に比例しているから,磁化の大きさが磁場に比例する.ここの軌道角運動量も,実際にはスピン角運動量を加えた $L+gS$ で置き換えられる.この項は必ず負だから磁化は磁場の向きを向くことがわかる.磁場 B を含む摂動ハミルトニアンが状態 0 と n で挟まれているから,この項は,磁場によってエネルギーの高いさまざまな中間状態 n への遷移が起こり,その過程が磁化を生みだすことを表している.このような機構による磁性を**ヴァン・ヴレック常磁性**という.

第3項は,電子が原点以外の場所にある限り,必ず磁場の2乗に比例してエネルギーが増加することを表しており,角運動量やスピンとは関係がない.これは電磁気学的には,磁場と逆向きに磁化が生じる現象であり,一般に反磁性という.この反磁性の起因は,古典力学的には電子が動き回ること,量子力学的には電子の存在場所が広がっていることである.これを特に**ラーモア反磁性**という.

7.2.2 キュリー常磁性

エネルギーを磁場で微分して符号を反転すると磁化が得られる．前節で求めた摂動エネルギーの第1項と第2項は，正の磁化を与えるから常磁性を表している．そのうちで第1項は，磁場がなくても一定の磁化があることによるキュリー常磁性の項である．キュリー常磁性について，有限温度での磁化と磁化率の統計力学平均を考察しよう．

スピンと軌道の角運動量の和，すなわち全角運動量 $\bm{J} = \bm{L} + \bm{S}$ は，一般に磁気モーメントに比例するとは言えない．なぜなら，磁気モーメントは $-\mu_{\mathrm{B}}(\bm{L} + g\bm{S})$ で与えられ，g 値が介在するからである．そこで，一般に磁気能率を $-g\mu_{\mathrm{B}}\bm{J}$ と表すことにすると，軌道角運動量だけのときは $g = 1$，スピン角運動量だけの場合は $g = 2$，両方がある場合には $1 < g < 2$ と考えればよい．（スピン-軌道相互作用があるときは，g はさらに異なる値をとりうる．）

磁場 $\bm{B}$ と磁気能率の相互作用エネルギーは，

$$g\mu_{\mathrm{B}} \bm{J} \cdot \bm{B} \tag{7.5}$$

である．磁場の方向を z 軸とすると，エネルギーは $g\mu_{\mathrm{B}} J_z B$ となる．角運動量の z 成分は $-J, -J+1, -J+2, \cdots, J$ の $2J+1$ 個の値をとる．したがって，統計力学の状態和（分配関数）Z は，

$$Z = \sum_{J_z} \exp\frac{-g\mu_{\mathrm{B}} J_z B}{k_{\mathrm{B}} T} \tag{7.6}$$

である．単位体積中の磁気能率の数を N とすると，ヘルムホルツの自由エネルギーは $F = -Nk_{\mathrm{B}} T \log Z$ で，磁化 M は $M \cong -\partial F/\partial B$ で計算できる．

$$\begin{aligned} M &= N \frac{\sum_{J_z} -g\mu_{\mathrm{B}} J_z \exp(-g\mu_{\mathrm{B}} J_z B/k_{\mathrm{B}} T)}{\sum_{J_z} \exp(-g\mu_{\mathrm{B}} J_z B/k_{\mathrm{B}} T)} \\ &\equiv N g\mu_{\mathrm{B}} J B_J \left(\frac{g\mu_{\mathrm{B}} J B}{k_{\mathrm{B}} T} \right) \end{aligned} \tag{7.7}$$

ここで，$B_J(x)$ はブリユアン関数とよばれ，

$$\left.\begin{aligned}B_J(x) &= \frac{2J+1}{2J}\coth\left(\frac{2J+1}{2J}x\right) - \frac{1}{2J}\coth\left(\frac{x}{2J}\right) \\ x &\equiv \frac{g\mu_\mathrm{B} JB}{k_\mathrm{B} T}\end{aligned}\right\} \quad (7.8)$$

である．

図7.1は，いくつかの J に対するブリユアン関数のグラフである．グラフの原点付近，つまり磁気的エネルギーに比べて熱エネルギーが十分大きく，$x \to 0$ であるとき，$\coth x = (1/x) + (x/3) + O(x^2)$ だから，磁化率 $\chi = M/H \cong \mu_0 M/B$ は，

$$\left.\begin{aligned}\chi &= \mu_0 N \frac{g^2\mu_\mathrm{B}^2 J(J+1)}{3k_\mathrm{B} T} = \frac{C}{T} \\ C &\equiv \frac{\mu_0 N g^2\mu_\mathrm{B}^2 J(J+1)}{3k_\mathrm{B}}\end{aligned}\right\} \quad (7.9)$$

となる．温度が十分高いときは，磁化率は温度に逆比例することがわかる．これを**常磁性のキュリーの法則**と言い，C をキュリー定数とよぶ．実験で磁化率を測定し，キュリー定数を求めれば，磁気能率の密度，g 値，角運動量などを知ることができる．

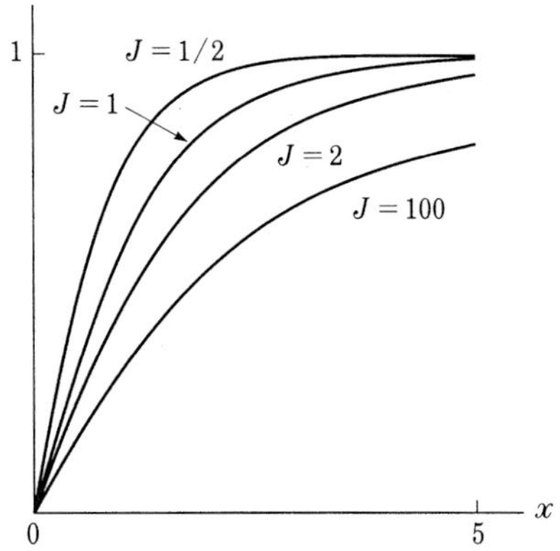

グラフの右端，つまり温度が低いか磁場が強くて $x \to \infty$ であるときは $\coth x \cong 1$ だから，磁化は

$$M = N g\mu_\mathrm{B} J \quad (7.10)$$

図7.1 いくつかの J でのブリユアン関数

であり，磁場や温度に依存しない．これは，すべての磁気能率が磁場の向きにそろうこと，つまり磁化の飽和を意味する．磁場がないときは，いくら温度が低くても $x = 0$ だから磁化はゼロであり，永久磁石はできないことが

わかる.

§7.3 磁気秩序とその応用

前節でわかったことは,電子の軌道角運動量やスピン角運動量が磁気能率を生み出すが,有限温度では外部から磁場を加えない限り,永久磁石ができないことである.前節では磁気能率同士の相互作用をとり入れていなかったが,これがあれば磁気能率の向きが自発的にそろう.これを**磁気秩序**といい,その結果,永久磁石ができる.

7.3.1 交換相互作用

磁気能率同士の相互作用には2種類ある.第一のものは電磁気学で学んだ双極子相互作用である.双極子相互作用の大きさは距離の3乗に逆比例し,2つの双極子の向きと配列の方向に依存する.

永久磁石などの磁気秩序を生み出すのは,ほとんどの場合双極子相互作用ではなく,クーロン相互作用の量子力学的な効果による**交換相互作用**である.交換相互作用の特徴は,短距離でだけ強く作用することと,2つの双極子の相対的な向きでだけ決まり,配列方向には依存しないことである.

原子に捕えられた電子の波動関数を $\phi(r)$ としよう.2つの場所 a と b に同種の原子があるとき,1電子波動を $\phi_a(r)$, $\phi_b(r)$ と区別して書こう.2電子が何らかの機構で相互作用をするときは,次のような2電子波動関数を考える必要がある.

$$\Phi_S(r_1, r_2) = \frac{1}{\sqrt{2}}\{\phi_a(r_1)\phi_b(r_2) + \phi_a(r_2)\phi_b(r_1)\} \quad (7.11)$$

$$\Phi_A(r_1, r_2) = \frac{1}{\sqrt{2}}\{\phi_a(r_1)\phi_b(r_2) - \phi_a(r_2)\phi_b(r_1)\} \quad (7.12)$$

ここで,文字 S と A は2電子のとりかえに対してこの波動関数が対称であることと反対称であることを表す.電子はフェルミ粒子だから,2電子の交

換に対して反対称でなければならない．したがって，上の波動関数で明示されていないスピン状態が，$\varPhi_\mathrm{S}$ では反対称，すなわち，2つの電子スピンが反平行でなければならず，$\varPhi_\mathrm{A}$ では対称，すなわち平行でなければならない．

距離 $r_{1,2} \equiv |r_1 - r_2|$ だけ離れた2電子間のクーロン相互作用エネルギー U は

$$U = \frac{e^2}{4\pi\varepsilon_0} \iint \varPhi^* \frac{1}{r_{1,2}} \varPhi \, dr_1 dr_2 \tag{7.13}$$

である．$\varPhi_\mathrm{S}$ と $\varPhi_\mathrm{A}$ の状態でのエネルギー U_S と U_A を求めると，その差は

$$\begin{aligned}
\varDelta U &= U_\mathrm{A} - U_\mathrm{S} \\
&= \frac{-2e^2}{4\pi\varepsilon_0} \iint \phi_\mathrm{a}^*(r_1) \phi_\mathrm{b}^*(r_2) \frac{1}{r_{1,2}} \phi_\mathrm{a}(r_2) \phi_\mathrm{b}(r_1) \, dr_1 dr_2 \\
&\equiv -2J
\end{aligned} \tag{7.14}$$

と書ける．2行目の式は積分の中で電子1と2がとりかえられた形をしているので，**交換相互作用エネルギー**とよぶ．これは2電子のスピンが平行の場合と反平行の場合とのエネルギー差だから相互作用を $E = -2J \boldsymbol{S}_1 \cdot \boldsymbol{S}_2$ と書くことができる．（量子力学によれば，$\boldsymbol{S}_1 /\!/ \boldsymbol{S}_2$ で $\boldsymbol{S}_1 + \boldsymbol{S}_2 = 1$ のとき $\boldsymbol{S}_1 \cdot \boldsymbol{S}_2 = 1/4$，$\boldsymbol{S}_1 + \boldsymbol{S}_2 = 0$ のとき $\boldsymbol{S}_1 \cdot \boldsymbol{S}_2 = -3/4$ であることに注意．）$J \equiv (e^2/4\pi\varepsilon_0) \iint \phi_\mathrm{a}^*(r_1) \phi_\mathrm{b}^*(r_2) \frac{1}{r_{1,2}} \phi_\mathrm{a}(r_2) \phi_\mathrm{b}(r_1) \, dr_1 dr_2$ を**交換積分**とよぶ．

$J > 0$ ならば2つのスピンが平行である状態 $\varPhi_\mathrm{A}$ の方がエネルギーが低い．2電子のスピン状態が同じで波動関数の空間部分は反対称である．逆に $J < 0$ ならば，2つのスピンが反平行になり，波動関数の空間部分は対称である．

積分表式からわかるように，交換積分の大きさは2電子の波動関数の重なりで決まる．波動関数はせいぜい数原子程度にしか広がっていない．したがって，通常のクーロン相互作用や双極子相互作用とは違って，交換相互作用は短距離相互作用である．実際の物質では，隣接原子までしかおよばないと考えることが多い．

なお，交換相互作用は基本的にはクーロン相互作用であることに注意しよう．以下に見るような強磁性などの磁性をもたらす原因は，電子間のクーロン相互作用である．これを無視した自由電子モデルなどでは強磁性を説明することはできない．

7.3.2 強磁性と反強磁性

i 番目の原子にある電子スピン S_i と，j 番目の原子にある電子スピン S_j の間には，クーロン交換相互作用 $-2J_{i,j}S_i \cdot S_j$ が生じる．系の相互作用エネルギー E_{total} は，

$$E_{\text{total}} = -\sum_{i,j} 2J_{i,j} S_i \cdot S_j \quad (7.15)$$

である．系が等方的であるとし，また，交換積分 J は隣のスピンにまでしかおよばないとしてその大きさを J と書こう．ひとつのスピン S に注目すると，それと周りの隣接スピンとの交換相互作用エネルギーは，

$$E = -2J \sum_i S \cdot S_i \quad (7.16)$$

である．ここで，和は隣接スピンに関して行う．周りにスピンが z 個あるとし，それらの平均値 $S_{\text{av}} \equiv \sum_i S_i/z$ を導入しよう．こうすると，

$$E = -2zJ\, S \cdot S_{\text{av}} \quad (7.17)$$

となる．

クーロン交換相互作用 J が正であるとき，ある温度以下で全部のスピンが同じ向きに整列し，物質は巨視的な磁化 M をもつ．これを**強磁性**とよぶ．

$J > 0$ として，スピン S に関する上のエネルギーを，スピンの磁気能率 $-g\mu_B S$ と"磁場" B_{int} との相互作用の形に書くと，

$$E = -(-g\mu_B S) \cdot B_{\text{int}}, \qquad B_{\text{int}} \equiv \frac{-2zJ\, S_{\text{av}}}{g\mu_B} \quad (7.18)$$

となる．B_{int} は，周りのスピンによる内部磁場という意味をもつ．この内部磁場はクーロン交換相互作用を磁場の形で表現したものであり，双極子磁場

94　7. 磁　　性

などの電磁気学の磁場とは物理的内容が違うことに注意しよう.

　このエネルギーの表式は, キュリー常磁性の (7.5) と同じ形をしているから, そのときの結果を使うことができる. 磁化の大きさは $M = Ng\mu_B S_{av}$ で与えられるから,

$$M = Ng\mu_B S B_S\left(\frac{g\mu_B S B_{int}}{k_B T}\right) \tag{7.19}$$

となる. ここで, $Ng\mu_B S \equiv M_0$ とおき, さらに $M = Ng\mu_B S_{av} \equiv B_{int}/q$, ただし, $q = 2zJ/Ng^2\mu_B^2$ と書けることを使って,

$$\frac{M}{M_0} = B_S\left(\frac{M_0}{Nk_B T}qM\right) \tag{7.20}$$

が得られる.

　この式は両辺に磁化 M を含んでいるが, これを M について解けば, 磁化 M と温度 T の関係がわかる. スピン $S = 1/2$ のときについて調べよう. このときのブリユアン関数は $B_{1/2}(y) = \tanh y$ である. ただし, $y \equiv qM_0M/Nk_B T$ である. したがって, 連立方程式

$$\left.\begin{aligned} M &= M_0 \tanh y \\ M &= \frac{Nk_B T}{qM_0}y \end{aligned}\right\} \tag{7.21}$$

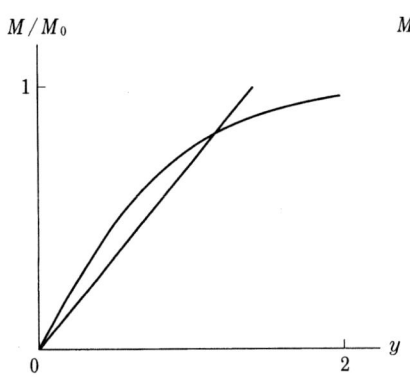

図 7.2　ブリユアン関数を含む方程式のグラフ解

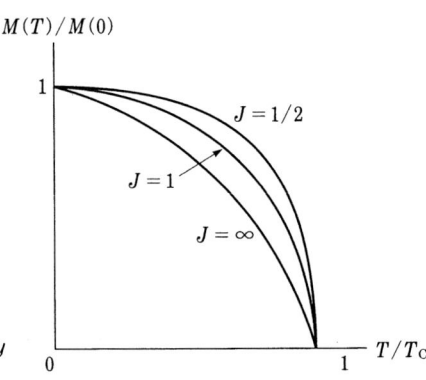

図 7.3　キュリー温度 T_C 以下での磁化 M の温度依存性

を解けばよい．図 7.2 はこれをグラフで解いたものである．グラフの交点が温度と磁化の関係を与え，それは図 7.3 のようになる．

図 7.2 で，直線と曲線が原点で接するときを境にして，これより低温では有限の磁化が現れる．この温度 $T_c = qNg^2\mu_B{}^2 S(S+1)/3k_B \equiv qC$ を**キュリー温度**とよぶ．また，この磁化を**自発磁化**とよび，このような，外部磁場なしでスピン間交換相互作用によって自発磁化が現れる性質を**強磁性**という．

$T > T_c$ のとき，自発磁化はゼロで，物質は常磁性を示す．常磁性磁化率を求めよう．磁場 B があるとき，個々のスピンにはこの磁場と交換相互作用の"磁場"の両方が加わった有効磁場 B_{eff} が加わったことになる．キュリー常磁性の表式の磁場をこの有効磁場で置き換えればよい．磁化 M も磁場 B も小さいとして，ブリュアン関数の展開の初項だけを残すと，

$$M = \frac{C}{T}(B + qM) \tag{7.22}$$

となる．ただし，$C = Ng^2\mu_B{}^2 S(S+1)/3k_B$ である．磁化率は，

$$\chi \cong \mu_0 \frac{M}{B} = \frac{\mu_0 C}{T - T_c} \tag{7.23}$$

となる．

このような磁化率の振舞を**キュリー-ワイスの法則**とよぶ．これはキュリー常磁性における絶対零度がキュリー温度 T_c までずれたかのような振舞であるが，磁気秩序の起因を考えればうなずける結果である．なぜなら，キュリー温度 T_c とは，$k_B T_c$ の熱エネルギーが J 程度の大きさの交換相互作用エネルギーを，ちょうど打ち消して磁気秩序を破壊する温度だからである．したがって，温度が T_c を超える部分 $T - T_c$ が，スピン系に対してキュリー常磁性と同様の振舞をもたらすと考えることができる．

キュリー温度は物質によって違うが，鉄などの金属磁性体では数 100 K ～ 1000 K 程度にも達するものがあり，酸化物等の無機化合物では数 100 K

96 7. 磁　　　性

程度, 有機物では数 K 程度である.

クーロン交換相互作用 J が負であるとき, 基本的には強磁性と同様に, スピン間相互作用によって磁気秩序が現れるにもかかわらず, 巨視的には物質が磁化 M をもたない. これを**反強磁性**という.

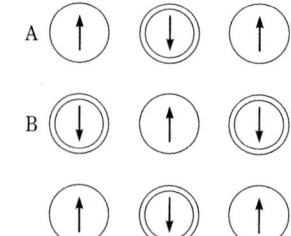

このとき隣り合うスピンは互いに逆向きに整列するから, 図 7.4 のようにスピン系を A と B の 2 つの部分格子に分けて考えることにすれば, それぞれの中では強磁性と同じである. そこで, A スピン格子のスピンにはたらく "内部磁場" の起因を 2 つに分け, A スピン格子の磁化 M_a からくるものと, B スピン格子の磁化 M_b からくるものの和で,

図 7.4　反強磁性体の 2 つの副格子

$$B_i^a = q_{aa}M_a + q_{ab}M_b \tag{7.24}$$

$$B_i^b = q_{ba}M_a + q_{bb}M_b \tag{7.25}$$

と表そう. A と B は同等だから, $M_a = -M_b$ であり, また $q_{ab} = q_{ba}$ のはずだから, これを $-q_1$ とおく. 同様に $q_{aa} = q_{bb} \equiv -q_2$ とおこう.

そうすると, 強磁性のときの計算を参照して,

$$M_a = \frac{N}{2} g\mu_B S B_S \left(\frac{g\mu_B S B_i^a}{k_B T} \right) \tag{7.26}$$

$$M_b = \frac{N}{2} g\mu_B S B_S \left(\frac{g\mu_B S B_i^b}{k_B T} \right) \tag{7.27}$$

が得られる.

ここで, $M_a = -M_b$, $q_1 > 0$, $q_2 < 0$ だから, $B_i^a = (-q_2 + q_1)M_a$, $|M_a| = |M_b| \equiv M$ と書け,

$$M = \frac{N}{2} g\mu_B S B_S \left\{ \frac{g\mu_B S}{k_B T} (q_1 - q_2) M \right\} \tag{7.28}$$

となる. $q_1 - q_2 \equiv q$, $M_0 \equiv (N/2) g\mu_B S$ とおくと, 強磁性の場合と同一の表式になる. 強磁性と同様に $C = Ng^2\mu_B^2 S(S+1)/3k_B$ とおいて, 磁気秩

序が現れる温度は

$$T_\mathrm{N} = \frac{q_1 - q_2}{2} C \tag{7.29}$$

となる．これを反強磁性の**ネール温度**とよぶ．

$T > T_\mathrm{N}$ では常磁性が現れる．外部磁場 B のもとで，

$$M_\mathrm{a} = \frac{C}{2T}(B - q_1 M_\mathrm{b} - q_2 M_\mathrm{a}) \tag{7.30}$$

$$M_\mathrm{b} = \frac{C}{2T}(B - q_1 M_\mathrm{a} - q_2 M_\mathrm{b}) \tag{7.31}$$

となるから，磁化率 χ は

$$\left.\begin{aligned}\chi &\cong \mu_0 \frac{M}{B} = \mu_0 \frac{M_\mathrm{a} + M_\mathrm{b}}{B} = \frac{\mu_0 C}{T + \theta} \\ \theta &= \frac{1}{2}(q_1 + q_2) C\end{aligned}\right\} \tag{7.32}$$

となる．この磁化率の温度依存性は図 7.5 のようになる．ここに現れた温度 θ を**ワイス温度**とよぶ．一般に $|q_1| \gg |q_2|$ と考えられ，また $q_1 > 0$，$q_2 < 0$ だから $\theta > 0$，$T_\mathrm{N} \cong \theta$ と言える．つまり反強磁性では，q_1 と q_2 の絶対値の和できまるネール温度で磁気秩序が生じる．それ以上の温度では，キュリー常磁性に類似の磁化率が生じ

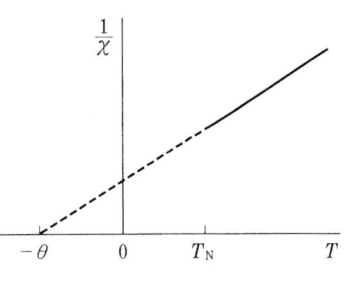

図 7.5 反強磁性のネール温度以上での磁化率の温度依存性

る．キュリー常磁性の絶対零度に相当する温度は，q_1 と q_2 の絶対値の差できまる $-\theta$ であり，ワイス温度 θ はネール温度 T_N に近い．

反強磁性ではネール温度以下でも巨視的な磁化はゼロだから，あたかも常磁性のように外部磁場によって磁化が誘起され，磁化率は有限である．一般にこの磁化率の温度依存性は，図 7.6(a) のように，結晶軸に対する磁場の方向によってかなり異なる．これは次節で見る磁気異方性のためで，秩序状態でのスピンの向きが結晶の特定の方向にそろう．この方向をスピン容易軸

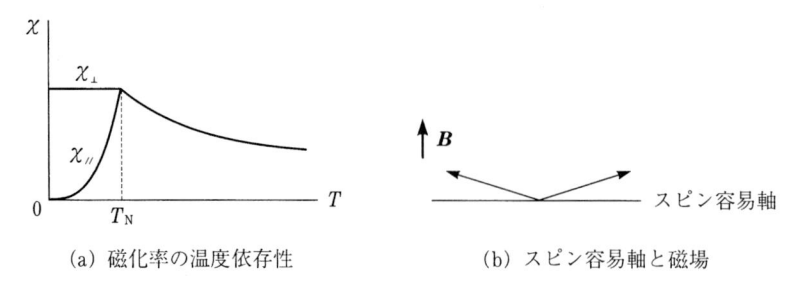

(a) 磁化率の温度依存性 (b) スピン容易軸と磁場

図 7.6 ネール温度以下での反強磁性体

という．図 7.6(b) のようにスピン容易軸に垂直に磁場を加えると，スピンは少し磁場方向に傾くであろう．傾いた分だけの巨視的な磁化が現れるから，磁化率 $\chi_\perp$ は有限である．傾き角を決める要因は，磁場と 2 つの副格子の磁化との相互作用によるエネルギーの減少，2 つの副格子の磁化の向きが反平行からずれることによる交換相互作用エネルギーの増加，および副格子の磁化の向きが容易軸から外れることによる異方性エネルギーの増加のバランスである．絶対零度から温度の上昇とともに副格子の磁化は減少するが，磁化の減少は上の 3 つの機構のどれにも同等の影響を与えるから，磁化率は温度依存性をもたない．

スピン容易軸の方向に磁場を加えると，磁場と磁化の相互作用エネルギーは A 副格子については正，B 副格子については負であり，それらの和はゼロとなる．したがって磁場の効果はないことになるから，磁性には何の変化もなく磁化率はゼロである．有限温度では熱エネルギーによって反強磁性秩序が弱められ，副格子磁化が減少する．副格子磁化と磁場の相互作用エネルギーは副格子磁化に比例するが，反強磁性状態を作っている交換相互作用エネルギーは副格子磁化の 2 乗に比例する．したがって，温度の上昇とともに副格子磁化が減少すると，2 つの副格子の磁化が完全反平行でなくなり，磁化率 $\chi_\parallel$ が増加する．

ここで仮に反平行のスピンが反平行性を保ったまま 90° 回転したとする

と，上で考察したスピン容易軸に垂直に磁場を加えたときと似た状態になるはずである．磁場を十分強くすると，磁化と磁場との相互作用エネルギーだけが負の方向に増大する．このエネルギーが異方性エネルギーをしのぐと，スピンが 90° 回転した状態が実際に安定化されてスピンの向きが一気に 90° 回転する．これを**スピンフロップ現象**とよぶ．

上のような磁化率の異方性とスピンフロップ現象は反強磁性に特徴的な性質であり，ある物質が反強磁性体であるかどうかを見極める上で重要な手がかりとなる．

反強磁性の 2 つの部分格子のスピンの大きさが違うと，上の考察の M_a と M_b が異なるから，物質には正味の磁化 $M_a - M_b$ が現れる．ミクロには反強磁性の機構で磁気秩序が生じるのだが，マクロには強磁性と同様の磁化が生まれる．これを特に**フェリ磁性**とよぶ．身の回りで普通に見られる永久磁石，たとえば，ビラを黒板に掲示する際に使われる文房具の磁石は，鉄の酸化物を基本物質としており，**フェライト**とよばれる．フェライトは化学式 $M^{2+}O \cdot Fe_2O_3$ で表され，フェリ磁性体の代表である．スピン $S = 5/2$ をもつ鉄の 3 価イオン Fe^{3+} のほかに，$S \neq 5/2$ のさまざまな遷移金属 2 価イオン M^{2+} を含んでいる．Fe^{3+} と M^{2+} のスピンの大きさの違いが，M_a と M_b の大きさの違いの原因である．$S = 2$ の Fe^{2+} を含むものは磁鉄鉱（マグネタイト）であり，これは人類が太古から知っている永久磁石である．$S = 1$ のスピン Ni^{2+} を含むものはニッケル・フェライト，$S = 3/2$ の Co^{2+} を含むものはコバルト・フェライトなどとよばれる．

フェライトはエレクトロニクスで頻繁に使われる磁性材料である．磁気記録媒体のフロッピーディスク，カセットテープ，各種磁気カードなどの磁気記録面にはフェライト微結晶の粉末が塗布されている．また，各種電子機器の中のトランスのコア材料としてよく使われるほか，ディジタル機器の電源コードにもノイズ除去の目的で使われることがある．

7.3.3 磁性体の磁気異方性と磁区構造

常磁性や反磁性の磁化は磁場の方向に厳密に平行とは限らず，少しずれた方向に向くことがある．それは，結晶の中で磁化率の異方性があるからである．また，強磁性や反強磁性の磁化は結晶の特定の方向を向くことが多い．これも結晶の磁気的な異方性のためである．

一般に，磁気異方性の起因はスピン-軌道相互作用 $\lambda \boldsymbol{L} \cdot \boldsymbol{S}$ である．軌道角運動量 $\boldsymbol{L}$ は原子配列の特定の方向を向くから，これと相互作用をするスピン $\boldsymbol{S}$ も結晶軸に関して決まった方向，つまりスピン容易軸方向を向く．軌道運動とスピンで決まる磁化も特定の方向を向く．この方向を**磁化容易軸**とよぶ．スピン容易軸や磁化容易軸がただひとつのとき，物質は **1 軸異方性**をもつという．

軌道角運動量は反転対称性があることが多いから，ほとんどの場合，磁化も反転対称性をもつ．1 軸異方性をエネルギーで表すと，

$$U = k_1 \sin^2 \theta + k_2 \sin^4 \theta + \cdots \tag{7.33}$$

などと表現できる．θ は容易軸と磁化やスピンのなす角であり，$\theta = 0$ と $\theta = \pi$ が磁化容易軸である．

強磁性体やフェリ磁性体などマクロな磁化をもつ現実の物質は，物質全体にわたって磁化が同じ向きを向くとは限らない．図 7.7 は異方性をもつ強磁性体やフェリ磁性体の磁化の様子を示す．物質が，異なる向きの磁化をもついくつかの区域に分かれることが多い．この区域を**磁区（ドメイン）**とよ

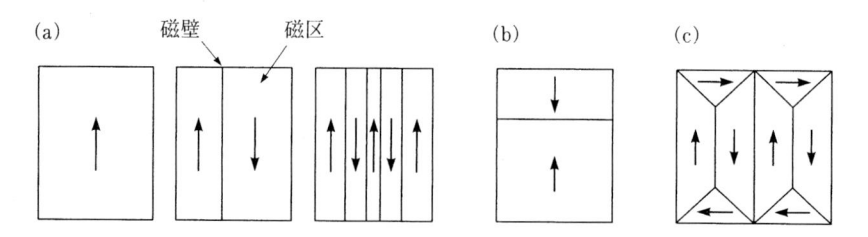

図 7.7 磁区構造の例．(a) 磁区とブロッホ磁壁，(b) ネール磁壁，(c) 2 軸異方性のときの磁区構造の例．

§7.3 磁気秩序とその応用　101

び，磁区と磁区を隔てる壁を**磁壁**という．

　物質全体が単一磁区になるか磁区構造をもつかを決める要因にはいくつかある．第1は，物質表面に現れる分極磁荷による磁場のエネルギーである．図から明らかなように，単一磁区でない方が外部空間の磁気エネルギーが低い．また分極磁荷による物質中の反磁場も小さくなる．第2の要因は，磁壁のエネルギーである．磁壁があるとそれ自身がエネルギー増大の要因となり，数多くの小さい磁区ができることには限界がある．たとえば，磁壁を隔てて隣接するスピン間の交換相互作用エネルギーは増大する．もちろん，実際には磁壁はミクロではあるが有限の厚さをもつので，ひとつのスピンの隣のスピンがいきなり逆向きになることはない．磁壁内部で一方の磁区から他方の磁区に向かってスピンの向きが少しずつ回転していくことによって，交換相互作用エネルギーの増加が抑えられる．しかし同時に，スピンの向きが容易軸から外れることによる磁気異方性エネルギーの増加がある．これらのエネルギーの和を極小にするように磁壁の厚さが決まり，その和のエネルギーが磁壁のエネルギーとなる．このような磁壁をブロッホ磁壁という．

　図7.7(b)のような磁区構造もありうる．このときは磁壁の内部に分極磁荷が現れ，磁場のエネルギーがかなり高くなると考えられるから，このような状態が実現されたとしてもそれはエネルギー的に準安定な状態であろう．このような磁壁をネール磁壁という．

　現実の物質ではその外形のもとで，分極磁荷による磁場のエネルギーと，磁壁のエネルギーの和を最小にするような磁区構造が実現される．

　2軸異方性をもつ物質では，図7.7(c)のような磁区構造が実現されることが多く，磁壁は90°磁壁，180°磁壁などとよばれる．前者はブロッホ磁壁とネール磁壁の両方の性格をもつ．外部磁場の下では，磁場に逆向きの磁

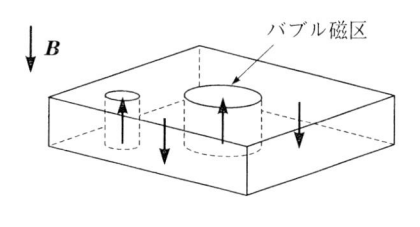

図**7.8**　バブル磁区

化をもつ磁区の体積が小さくなるはずであり，1軸異方性の磁性体で図7.8のような**バブル磁区**が実現されることもある．細い磁針やコイルで局所的な磁場を加えて，バブル磁区を動かすこともできる．これを応用してデジタル計算や記憶機能をもつ素子を作ることができ，実際にバブルメモリという記憶素子が実用に供されている．

強磁性体は外部磁場がなくても自発磁化をもっている．温度がキュリー温度より十分低ければ，自発磁化の大きさは外部磁場の影響をほとんど受けない．なぜなら，低温ではミクロな磁気能率がほぼ完全に整列しているからである．しかし現実の強磁性体のマクロな磁化は，磁区構造と磁気異方性が原因となって，外部磁場のもとで図7.9のような特徴的な振舞を見せる．磁化は，その物質に過去に加えられた磁場に依存するのであり，これを**磁気履歴（磁気ヒステリシス）**といい，図に矢印で示した磁場対磁化のループを**磁気履歴ループ**とよぶ．

強磁性体を，高温からキュリー温度を通過して低温にすると，物質中には磁化の向きが異なる多数の磁区が現れ，マクロな磁化はほとんどゼロにな

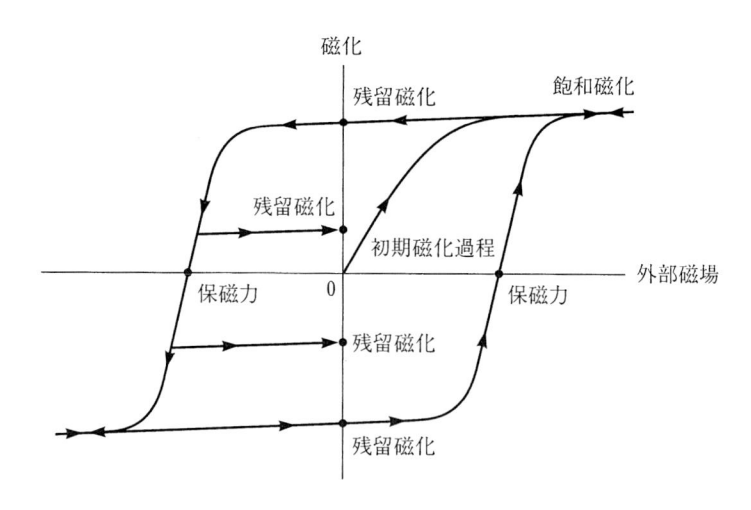

図7.9 磁気履歴

る．ここで外部磁場を加え始めると，磁場の向きを向く磁区の体積が増え，最後には単一磁区になって**飽和磁化**に到達する．これを**初期磁化過程**という．これ以上に磁場を強めると，熱的にゆらいでいるミクロな磁気能率が磁場によっていっそうそろえられるから，磁化は絶対零度の飽和磁化の値に向かって緩やかに増大する．

　ここから磁場を下げると，磁場をゼロにしても磁化はゼロにはならず，**残留磁化**が残る．これは，磁場を下げる過程で複数の磁区が現れても，最初のようにマクロな磁化をほぼゼロにするほどにはならないからである．その主な原因は，不純物などのさまざまな要因が磁壁の自由な運動を妨げることである．実用の磁石はこの残留磁化を利用している．

　磁場を逆向きに増していくと，磁壁が移動して磁場の向きを向いた磁区の体積が増えていくので，磁化の大きさが減少する．もしここで磁場をゼロにもどしたなら，図の小ループをたどって小さな残留磁化が残る．実用的には，磁石に逆向きの磁場を加えると磁石の強さが弱まるということである．

　逆向き磁場を強め続けると，やがて**保磁力**とよばれる磁場で，マクロな磁化がゼロを切る．逆向き磁場の大きさをこれ以上に増していくと，磁化は最初とは逆の向きにその大きさを増していく．もし途中で磁場をゼロにもどすと小ループを描き始め，逆向きで小さい残留磁化が残る．したがって，磁石に逆向きで強過ぎる磁場を加えると，磁場をとり去っても残留磁化の向きが元と逆の向きになってしまう．磁化の向きを情報記録に使う際には，強い逆向き磁場を加えてはならないということがわかる．逆向き磁場を十分強くすると，やがて逆向きの飽和磁化に達する．

　磁気履歴が現れゼロ磁場で有限残留磁化があることは，磁区構造をもつ強磁性体に特徴的だから，物質が強磁性体であることを実証する上で磁気履歴は重要な実験データである．

　ただし，磁壁の移動に対する抵抗が非常に小さい場合には，ゼロ磁場にもどすとほとんど最初の状態にもどってしまい，残留磁化がゼロに近いことが

ある．そのような強磁性体は，実用の永久磁石や磁気記録材料として使うことはできない．しかし，磁化が外部磁場とともにほぼ1対1の関係で増減するから，磁化率が極めて大きい常磁性体であるかのように使うことができる．電磁石やトランスの鉄心ではこのような強磁性材料を使っている．

演習問題

[1] 交換相互作用エネルギーの表式 (7.14) を導け．

電 子 相 関

　電子がかかわる物性を支配する2つの柱はバンド論と磁性である．現代の物性科学の主要な対象となっている酸化物超伝導体や有機導体，あるいは"重い電子系"をもつといわれる一群の物質では，金属状態，超伝導状態，磁性をもつ状態が密接な関係をもっている．そのような性質を調べるカギがバンド論と磁性である．

　本書のレベルでは磁性とバンド電子の関係にまでは踏み込むことはできなかったので，パウリ常磁性以外の磁性はバンド電子と無縁であるように見えるがそれは正しくない．強磁性をもたらす交換相互作用の根本原因は，決して磁気モーメントの間の磁気的相互作用ではなく，電子間のクーロン相互作用であったことを思い出そう．クーロン相互作用が強いと2つの電子は接近しにくい．したがって多数の電子があるとき，電子は互いに空間的に無関係に動くことができない．これを**電子相関**という．一方，バンド電子の描像では，電子とイオンとのクーロン相互作用をとり入れているが，電子間のクーロン相互作用を無視している．いわば電子ガスモデルを採用していると言える．

　バンド描像では，基本的に電子を空間的に広がった波とみなす．一方，クーロン相関が強いときは，電子を古典的な位置座標で指定される粒子とみなす．したがって，互いにクーロン斥力を受けながら動く電子をバンド描像と両立させることは，概念的にも数学的にも容易ではない．しかしながら，そこに予想もしなかった高温超伝導や新規な電子・磁性の状態が隠れていたのである．本書で学んでいることは，そのような先端的な問題に向かうために必須の基礎である．

8 結晶格子の性質

いままで主に，結晶格子の中で電荷とスピンが演じる物性現象を学んできた．本章では，その結晶格子自身がもたらす物性を見ていく．まず結晶構造を知るための方法を学び，続いて結晶格子の振動とその振動の自由度が担う比熱を調べよう．格子振動を扱う上では，格子イオンの変位によるひずみと応力の間に，フックの法則が成り立つような場合を考える．しかしそれだけでは，現実の物質が熱膨張を起こすことや，固体に外部からエネルギーを与えるとやがて熱平衡に達することなど，経験的によく知られている現象を理解するには不十分である．フックの法則を超えて，格子ひずみの非調和性を取り入れた扱いが必要になる．本章の終りの方ではそのような問題も考察する．

§8.1 X線による構造解析

周期性をもつ物質の構造を知るための，もっともポピュラーな手法がX線回折である．X線電磁波に対して物質が回折格子の役割を果たし，特定の方向に強い回折波が出る．回折波の方向と強度を測定することによって物質の構造がわかる．

回折が有効に起こるためには，用いる波の波長が物質の格子定数程度であるとともに，その波が物質を構成する原子と強く相互作用をする必要がある．格子定数は1Å程度であり，1Åの波長のX線光子のエネルギーは10 keV程度である．真空中で電子を10 kV以上の電位差で加速して標的に衝

突させると、電子の運動エネルギーが X 線光子のエネルギーに転換されて X 線光子が発生する．X 線は電磁波であり、その振動電場と物質中の電子とが双極子相互作用をし、入射波と同じ振動数の散乱電磁波が生じる．散乱電磁波の強さは、入射波の偏光方向と散乱波の出て行く方向に依存するが、本書ではその詳細には触れないことにし、とにかく、振幅 E_0 の入射波の電場 $E = E_0 e^{i\omega t - i\bm{k}_0 \cdot \bm{r}}$ に対して、散乱波の振幅が AE_0 になるものとしよう．

図 8.1 のように、この入射波が物質に入射し、点 $\bm{r}_i$ にある電子によって散乱され、その散乱波を点 $\bm{R}$ で観測するとする．ある瞬間 $t = 0$ での波のパターンを考えよう．点 $\bm{r}_i$ における波は $\bm{E} = \bm{E}_0 e^{-i\bm{k}_0 \cdot \bm{r}_i}$ と書ける．そこから $\bm{R} - \bm{r}_i$ だけ隔たった観測点 $\bm{R}$ で観測される散乱波 $\bm{E}_s$ は、

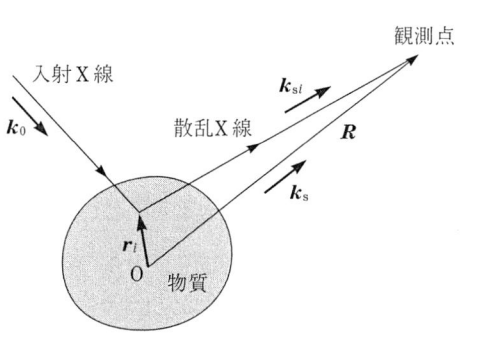

図 8.1 X 線の散乱

$$E_{si} = AE_0 \exp(-i\bm{k}_0 \cdot \bm{r}_i) \exp[-i\{\bm{k}_{si} \cdot (\bm{R} - \bm{r}_i)\}] \quad (8.1)$$

と書ける．ここで、$\bm{k}_{si}$ は散乱波の波動ベクトルであり、その大きさは $\bm{k}_0$ に等しい．さて新たに $\bm{R}$ に平行な波動ベクトル $\bm{k}_s$ を導入しよう．$|\bm{k}_s| = |\bm{k}_{si}| = |\bm{k}_0|$ である．$\bm{k}_s$ と $\bm{k}_{si}$ は大きさが等しく、ほとんど平行だから、$\bm{k}_{si} \cdot (\bm{R} - \bm{r}_i) \cong \bm{k}_s \cdot (\bm{R} - \bm{r}_i)$ という近似をしてよかろう．したがって、

$$E_{si} \cong AE_0 \exp[-i\{(\bm{k}_0 - \bm{k}_s) \cdot \bm{r}_i + \bm{k}_s \cdot \bm{R}\}] \quad (8.2)$$

多数の電子に関して和をとって、物質からの散乱波は

$$E_s = AE_0 \exp(-i\bm{k}_s \cdot \bm{R}) \sum_i \exp[-i\{(\bm{k}_s - \bm{k}_0) \cdot \bm{r}_i\}] \quad (8.3)$$

となる．ここで**散乱ベクトル** $\bm{K} \equiv \bm{k}_s - \bm{k}_0$ を導入して、

$$E_s = AE_0 \exp(-i\bm{k}_s \cdot \bm{R}) \sum_i \exp(-i\bm{K} \cdot \bm{r}_i) \quad (8.4)$$

が得られる．

8. 結晶格子の性質

以上の考察では電子が1点 $r = r_i$ に集中しているとした．実際にはこの電子の電荷はある範囲に分布しているし，そこには他の電子の電荷も広がってきているはずである．そこで多数の電子を区別しないこととし，点 r に実際に存在する電荷の密度を $\rho(r)$ と表そう．そうすると，散乱波は

$$E_s = AE_0 \exp(-ik_s \cdot R) \int \rho(r) \exp(-iK \cdot r) \, dr \qquad (8.5)$$

と書ける．電場の絶対値の2乗が電磁波の強度に比例するから，散乱波の強度 I_s は

$$I_s = I_e \left| \int \rho(r) \exp(-iK \cdot r) \, dr \right|^2 \qquad (8.6)$$

となる．I_e は適当な係数である．

この式を見ると，強度は散乱ベクトル K の関数であり，その中に電荷密度 $\rho(r)$ の情報が含まれていることがわかる．したがって，散乱強度を散乱ベクトルの関数として測定し，それに適切な解析を加えれば，原理的には物質の電荷密度 $\rho(r)$ が知れるはずである．電荷密度は物質の構造周期のみならず原子配列を反映しているから，回折強度の測定によって物質の構造を明らかにすることができる．以下では，$\rho(r)$ に関する情報を具体的に引き出す方法を見てみよう．

上の表式の電荷密度を表す座標変数 r は，結晶格子の中では $r = n_1 a_1 + n_2 a_2 + n_3 a_3 + r_k + r_{k'}$ と分解して表現できる．ここで，a_1, a_2, a_3 は格子の単位ベクトル，n_1, n_2, n_3 は任意の整数であり，$n_1 a_1 + n_2 a_2 + n_3 a_3$ が n_1, n_2, n_3 で指定される単位格子のひとつの頂点の座標を表している．r_k はその頂点から測った，単位胞内での k 番目原子の座標であり，$r_{k'}$ はその原子に属する電子の座標を原子位置から測ったものである．そうすると上の表式の積分は，k 番目原子内部での電荷密度 $\rho_k(r_{k'})$ の積分，単位胞の中の原子に関する和，および単位胞に関する和に分解される．

$$I_s = I_e \left| \sum_{n_1, n_2, n_3} \sum_k \int \rho_k(r_{k'}) \exp\{-iK \cdot (n_1 a_1 + n_2 a_2 \right.$$

§8.1 X線による構造解析

$$= I_e \left| \sum_{n_1,n_2,n_3} \exp\{-i\bm{K}\cdot(n_1\bm{a}_1 + n_2\bm{a}_2 + n_3\bm{a}_3 + \bm{r}_k + \bm{r}_{k'})\}d\bm{r} \right|^2$$

$$= I_e \left| \sum_{n_1,n_2,n_3} \exp\{-i\bm{K}\cdot(n_1\bm{a}_1 + n_2\bm{a}_2 + n_3\bm{a}_3)\} \sum_k \exp(-i\bm{K}\cdot\bm{r}_k) \right.$$
$$\left. \times \int \rho_k(\bm{r}_{k'})\exp(-i\bm{K}\cdot\bm{r}_{k'})d\bm{r}_{k'} \right|^2 \quad (8.7)$$

この中から原子内部に関する積分の部分を抜き出し，それを**原子散乱因子** f_k とよぶ．

$$f_k(\bm{K}) \equiv \int \rho_k(\bm{r}_{k'})\exp(-i\bm{K}\cdot\bm{r}_{k'})d\bm{r}_{k'} \quad (8.8)$$

である．これは k 番目原子の内部の電荷分布で決まる原子固有の量であり，X線回折のハンドブックに散乱ベクトル $\bm{K}$ の関数として数値が与えられているから，通常はそれを使えばよい．ただし同じ原子でも，他の原子との結合によっていくらかは電荷密度が違うし，中性原子とイオンとでは明らかに電荷密度が違う．その違いの大きいものは区別してハンドブックに数値が与えられている．

原子散乱因子 $f_k(\bm{K})$ をわかったものとして用い，単位胞の中での原子に関する和を抜き出して，それを**構造因子** F とよぶ．

$$F(K) \equiv \sum_k f_k(\bm{K})\exp(-i\bm{K}\cdot\bm{r}_k) \quad (8.9)$$

回折強度は

$$I_s = I_e \left| \sum_{n_1,n_2,n_3} F(\bm{K})\exp\{-i\bm{K}\cdot(n_1\bm{a}_1 + n_2\bm{a}_2 + n_3\bm{a}_3)\} \right|^2$$
$$= I_e |F(\bm{K})|^2 \left| \sum_{n_1,n_2,n_3} \exp\{-i\bm{K}\cdot(n_1\bm{a}_1 + n_2\bm{a}_2 + n_3\bm{a}_3)\} \right|^2 \quad (8.10)$$

となる．

上の和の計算を進めよう．

$$\sum_{n=0}^{N-1} e^{inx} = \frac{1-e^{iNx}}{1-e^{ix}} \quad (8.11)$$

だから，その複素共役との積は

$$\frac{1-\cos Nx}{1-\cos x} = \frac{\sin^2(Nx/2)}{\sin^2(x/2)} \tag{8.12}$$

となる．これを用いて回折強度は

$$\left.\begin{array}{l} I_\mathrm{s} = I_\mathrm{e}^2|F|^2 L \\ L \equiv \dfrac{\sin^2(N_1 \boldsymbol{K}\cdot\boldsymbol{a}_1/2)}{\sin^2(\boldsymbol{K}\cdot\boldsymbol{a}_1/2)} \dfrac{\sin^2(N_2 \boldsymbol{K}\cdot\boldsymbol{a}_2/2)}{\sin^2(\boldsymbol{K}\cdot\boldsymbol{a}_2/2)} \dfrac{\sin^2(N_3 \boldsymbol{K}\cdot\boldsymbol{a}_3/2)}{\sin^2(\boldsymbol{K}\cdot\boldsymbol{a}_3/2)} \end{array}\right\} \tag{8.13}$$

となる．ただし，N_1，N_2，N_3 はそれぞれ $\boldsymbol{a}_1$，$\boldsymbol{a}_2$，$\boldsymbol{a}_3$ 方向への単位胞の数である．関数 L を**ラウエ関数**とよぶ．ラウエ関数は $\boldsymbol{a}_1$，$\boldsymbol{a}_2$，$\boldsymbol{a}_3$ 軸に関して同等である．その関数形の例を図 8.2 に示す．$N \to \infty$ とともに，$\boldsymbol{K}\cdot\boldsymbol{a}_1/2 = 0, \pm\pi, \pm 2\pi, \cdots$ での値が N^2 に比例して無限大に向かい，それ以外の位置での値は相対的に減少する．強い回折が起こるための $\boldsymbol{K}\cdot\boldsymbol{a}_1/2 = n\pi$ という条件は，散乱ベクトル $\boldsymbol{K}$ が $\boldsymbol{a}_1$ の逆格子ベクトル $\boldsymbol{a}_1^*$ の整数倍になることである．$\boldsymbol{a}_2$，$\boldsymbol{a}_3$ 方向についても同様だから，結局，散乱ベクトル $\boldsymbol{K}$ が任意の逆格子ベクトルに一致するとき，$\boldsymbol{k}_\mathrm{s}$ 方向に強い回折が生じる．整数 h, k, l を用いて $\boldsymbol{K} = h\boldsymbol{a}_1^* + k\boldsymbol{a}_2^* + l\boldsymbol{a}_3^*$ と書くとき，この回折を「(hkl) 回折」または「(hkl) 反射」とよぶ．

回折が起こるための条件を別の視点から考えてみよう．強い回折 X 線が出て行くための条件は，多数の原子による散乱 X 線が干渉して強め合うことである．図 8.3 のような結晶格子の $\boldsymbol{a}_2$, $\boldsymbol{a}_3$ 面に対して，角度 θ で X 線を入射させ，同じ角度 θ の方向で観

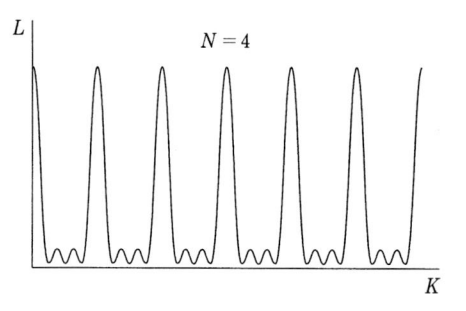

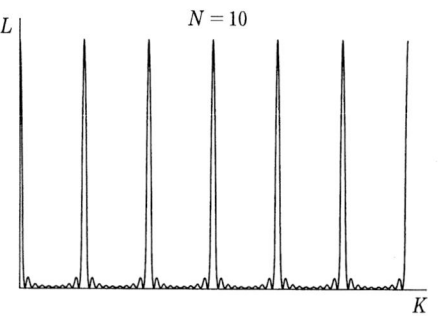

図 8.2 ラウエ関数の例

測しよう．こうすると，a_2, a_3 面上のどの原子による散乱もすべて光路長が等しいから，それらは強め合う．次に，図の A 原子による散乱と B 原子によるものとの光路長の差は $2d\sin\theta$ である．強い回折 X 線が出て行くた

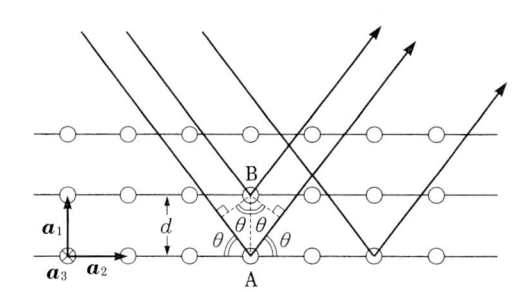

図 8.3 格子面からの X 線回折

めの条件は，光路長の差が波長の整数倍になることだから，

$$2d\sin\theta = n\lambda \tag{8.14}$$

が回折条件となる．ただし d は格子面の間隔で，n は任意の整数である．これを回折の**ブラッグ条件**とよぶ．結晶の格子面の間隔と向きが明らかな場合は，このブラッグ条件を用いて X 線回折を調べることができる．

より一般的に X 線回折を扱うには，次のように逆格子と波数で考えるのが便利である．a_2, a_3 面の面間隔は，逆格子ベクトル a_1^* の長さの逆数であることに注意しよう．また，X 線波長 λ は波数で書くと $2\pi/|k_0|$ である．したがって，上の関係は $2|k_0|\sin\theta = n|a_1^*|$ と書き直すことができる．逆格子ベクトル a_1^* は a_2, a_3 面に垂直だから，散乱ベクトル $K = k_s - k_0$ を用いて $K = na_1^*$ の関係が成り立つ．同様の考察によって，一般に

$$K = n_1 a_1^* + n_2 a_2^* + n_3 a_3^* \tag{8.15}$$

が得られる．これはブラッグ条件と同等であるが，特に**ラウエ条件**という．

ラウエ条件の幾何学的意味は，**エバルトの作図**とよばれる方法を用いるとわかりやすい．図 8.4 のような作図をし，半径 k_0 の球を**エバルト球**とよぶ．入射 X 線の方向を示す入射波数ベクトルを描き，そのベクトルの終点を結晶の逆格子の原点として逆格子を作図する．逆格子の向きが適切であれば，ある逆格子点がエバルト球の上に乗る．このとき上のラウエ条件が満たされるから，図の k_s の方向に回折 X 線が出ると言える．

112　8. 結晶格子の性質

以上見てきたように，回折実験で結晶の基本的構造がわかる．まずブラッグ条件あるいはラウエ条件の実験とを比較して，結晶格子の格子定数がわかる．次に，他の方法で構成原子がわかっているなら，多数の異なる散乱ベクトルによる回折の強度を測定し，それを解析することによって構造因子，すなわ

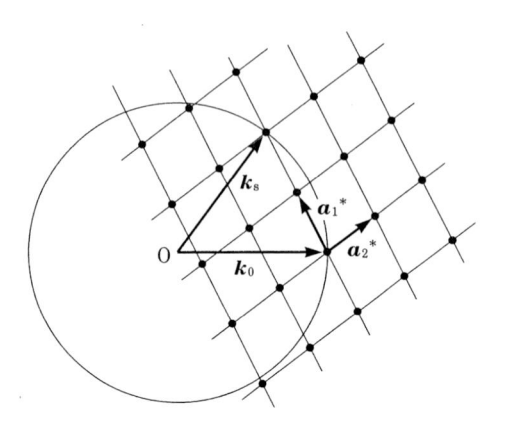

図 8.4　エバルトの作図

ち単位胞の中での原子位置がわかる．構成原子が不明の場合でも，基本式 (8.6) を用いれば，原理的には物質の電子密度の分布を知ることができ，それから原子配列を推測することができる．

§8.2　格子振動とフォノン

物質は原子や分子の集合体であるが，数百 ～ 数千 Å 程度以上の長さのスケールでは，原子・分子レベルのミクロな構造を平均化して連続弾性体とみなすことができる．数十 Hz ～ 20 kHz 程度の可聴域の弾性波を音波，これ以上の高周波のものを超音波という．固体中の音速は一般に数 km/s 程度なので，1 THz (10^{12} Hz) の超音波の波長は数 nm 程度となる．こうなると，波の進行方向に 1 波長の中にはせいぜい 10 個程度の単位胞しか含まれないから，もはや物体を連続体とみなすことは不適当である．物体を原子・分子の集合体として扱い，**格子振動**というモデルで考える必要がある．

8.2.1　格子振動

もっとも単純な単原子直方（斜方）格子の格子振動を考えよう．図 8.5 のような結晶格子の x 方向に伝わる平面波の運動方程式を考察する．n 番目

§8.2 格子振動とフォノン   113

原子面の変位を u_n としよう.これが x 軸に平行なら縦波であり,垂直なら横波であるが,両者を一括して扱おう.原子の変位に対する復元力は,フックの法則にしたがって他の原子との距離の変化分だけで決まるものとしよう. n 番目原子面の変位に対する復元力を F_n として,

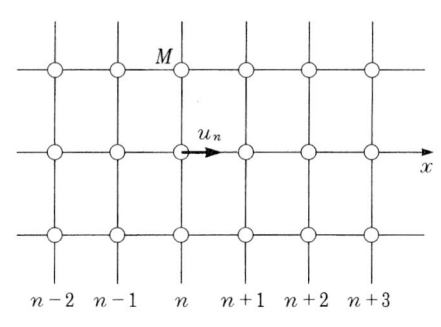

図 8.5 平面波の格子振動

$$F_n = c_1(u_{n+1} - u_n) - c_1(u_n - u_{n-1}) + c_2(u_{n+2} - u_n)$$
$$- c_2(u_n - u_{n-2}) + \cdots$$
$$= \sum_{m=\pm 1}^{\pm\infty} c_m(u_{n+m} - u_n) \tag{8.16}$$

ただし, $c_m = c_{-m}$ であり, $c_1, c_2, \cdots$ は最隣接原子,次隣接原子, $\cdots$ などとの相互作用によるばね定数を表す. n 番目原子面の原子は同一の運動をするから,そのなかの特定の 1 個の原子の運動方程式を作れば十分である.原子質量を M として,運動方程式は

$$M\frac{d^2 u_n}{dt^2} = \sum_{m=\pm 1}^{\pm\infty} c_m(u_{n+m} - u_n) \tag{8.17}$$

である.これの解を

$$u_{n+m} = U \exp[i(\omega t - k(n+m)a)] \tag{8.18}$$

とおいて運動方程式に代入すると,

$$M\omega^2 = -\sum_{m=\pm 1}^{\pm\infty} c_m(e^{-ikma} - 1) = -\sum_{m=+1}^{+\infty} 2c_m(\cos kma - 1) \tag{8.19}$$

となるから,

$$\omega^2 = \frac{2}{M}\sum_{m=1}^{\infty} c_m(1 - \cos kma) \tag{8.20}$$

が得られる.これが振動数と波数の分散関係を与えているが,一般的にはこれ以上に計算を進めることができない.そこで,最近接相互作用だけを考え

ることとし，$c_1 \neq 0$ で他の $c_m = 0$ としよう．

$$\omega^2 = \frac{2}{M} c_1 (1 - \cos ka) \tag{8.21}$$

となるから，分散関係は

$$\omega = \sqrt{\frac{4c_1}{M}} \left| \sin \frac{1}{2} ka \right| \tag{8.22}$$

となる．

図 8.6 はこの分散関係を示す．系の周期性の現れとして，波数軸がブリユアン域に区切られ，分散関係が第 1 ブリユアン域のもののくり返しになっている．

$k \cong 0$ すなわちブリユアン域の原点近傍では $ka \ll 1$ であり，$\omega \cong$ $\sqrt{4c_1/M}\, ka/2$ となって振動数は波数に比例する．このような比例関係は連続弾性体の振動と同じである．k が小さいことは格子振動の波長が長いことを意味するが，長波長の振動では物質の格子構造が表に出ず，連続弾性体と同じ結果になることはうなずける結果である．

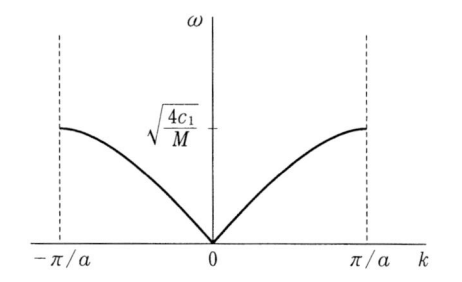

図 8.6 単原子格子振動の分散関係

$k = \pm a^*/2$ では $u_n = U \exp[i(\omega t \mp n\pi)] = U e^{i\omega t} \cos n\pi$ となる．これは定在波であり，x 方向に隣り合う原子は互いに逆方向に変位することがわかる．実際，$k = \pm a^*/2$ での位相速度は $v_\mathrm{p} = \omega/k = (a/\pi)\sqrt{4c_1/M}$ であるが，群速度は $v_\mathrm{g} = \partial \omega / \partial k = 0$ であり，この振動によって運ばれるエネルギー流の速度はゼロである．

以上の考察で，振動の変位方向には 3 つの自由度がある．$u \,/\!/\, x$ なら縦波であり，$u \perp x$ では 2 つの独立な方向についてそれぞれ横波である．

単位胞に 2 個以上の原子があるとき，格子振動はもう少し複雑になる．図 8.7 のような 2 原子格子を考えよう．n 番目の単位胞には $2n$ 番目と $2n + 1$

§8.2 格子振動とフォノン 115

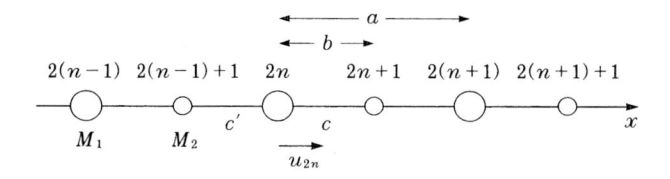

図 8.7 2原子格子の格子振動

番目の原子が属する．原子間の相互作用として，最初から最近接相互作用だけに限り，ばね定数を c と c' とする．質量 M_1 の原子の運動方程式は，

$$M_1 \ddot{u}_{2n} = c(u_{2n+1} - u_{2n}) + c'(u_{2n-1} - u_{2n})$$
$$= cu_{2n+1} + c'u_{2n-1} - (c + c')u_{2n} \quad (8.23)$$

である．同様に，質量 M_2 の原子について，

$$M_2 \ddot{u}_{2n+1} = c'u_{2n+2} + cu_{2n} - (c + c')u_{2n+1} \quad (8.24)$$

が得られる．これを解くと，角振動 ω について

$$\omega^2 = \frac{c+c'}{2}\left(\frac{1}{M_1} + \frac{1}{M_2}\right) \pm \sqrt{\left(\frac{c+c'}{2}\right)^2 \left(\frac{1}{M_1} + \frac{1}{M_2}\right)^2 - \frac{4cc'}{M_1 M_2}\sin^2\frac{a}{2}k} \quad (8.25)$$

が得られる．

波数 $k \ll a^*$，つまりブリュアン域の原点付近では $\sin^2 ak/2 \cong a^2k^2/4$ と近似できるから，第1の解は

$$\omega^2 = \frac{cc'}{(c+c')(M_1 + M_2)} a^2 k^2 \quad (8.26)$$

である．$\omega \propto k$ だから，連続体の弾性波や単原子格子の格子振動と同様の分散関係になる．これを音響分枝とよび，この振動様式を音響モードという．

第2の解は

$$\omega^2 = (c + c')\left(\frac{1}{M_1} + \frac{1}{M_2}\right) - \frac{cc'}{(c+c')(M_1 + M_2)} a^2 k^2 \quad (8.27)$$

である．右辺の第2項は k^2 を含むから，第1項に比べて小さい．したがっ

て，振動数はほぼ一定で k^2 に比例してゆるやかに減少する．これは連続弾性体や単原子格子では見られなかったものである．得られた振動数を運動方程式に代入し，実際の原子変位を調べると，質量 M_1 の原子と M_2 のものとが互いに逆向きに変位することがわかる．もしイオン結晶のように，2種類の原子が反対符号の電荷をもっていると，この振動によって電気双極子の振動が起こって，光と相互作用をする可能性がある．そこで，この振動を光学モードとよび，分散関係を光学分枝という．

次に，$k \pm a^*/2$ では $\cos ak = 0$ だから

$$\omega^2 = \frac{c+c'}{2}\left(\frac{1}{M_1}+\frac{1}{M_2}\right) \pm \sqrt{\left(\frac{c+c'}{2}\right)^2\left(\frac{1}{M_1}+\frac{1}{M_2}\right)^2 - \frac{4cc'}{M_1M_2}}$$

$$\equiv \frac{c+c'}{2}\left(\frac{1}{M_1}+\frac{1}{M_2}\right) \pm \varDelta \tag{8.28}$$

となる．特に2つのばね定数が等しくて $c = c'$ のときは $\omega = \sqrt{2c/M_1}$，または $\sqrt{2c/M_2}$ となる．

以上の結果の分散関係は図8.8のようになる．単原子格子や連続弾性体で見られなかったことは，光学分枝が現れたことと，ブリユアン域の端で音響分枝と光学分枝が分離されることである．音響分枝と同様に光学分枝にも縦波と2つの横波がある．したがって，分枝の自由度が6

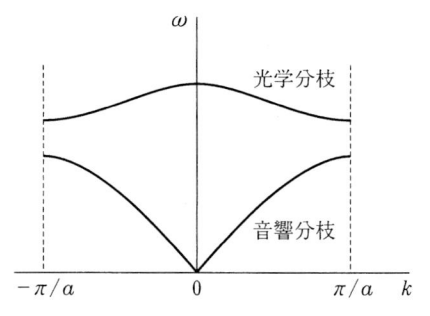

図 **8.8**　格子振動の音響分枝と光学分枝

つになったが，これは2原子格子の2原子が6つの運動の自由度をもつことに対応している．一般に，N 原子格子では $3N$ の自由度があり，格子振動の分枝の数は $3N$ である．3つの音響分枝以外の $3N-3$ 個の分枝は光と相互作用をするかどうかとは無関係に，すべて光学分枝とよばれる．

8.2.2 超音波の音速測定

固体の音速を測定するために，代表的な方法が2つある．第1の方法は最も原理的な方法で，**パルスエコー法**とよばれる．図8.9(a)のように，物体の一端から超音波を注入し，これが他端で反射されてもどってくるまでの時間を測定する．試料の長さの2倍を，その往復時間で割れば音速が求まる．超音波を注入するには，たとえば水晶（SiO_2 単結晶）のような圧電効果素子を利用し，高周波電場を素子に加えて素子を振動させる．その振動が試料を超音波として伝わる．もどってきた超音波振動が素子に加わると，素子は逆に高周波起電力を生じるから，これをオシロスコープなどで観測すればよい．圧電効果素子に加える電場の方向に依存して素子の振動方向が決まるので，たとえば試料に伸縮振動を伝えると縦波の超音波を注入できる．横ずれ振動を伝えれば横波超音波が入る．

もうひとつの方法は**定在波法**である．図8.9(b)のように，パルスエコー

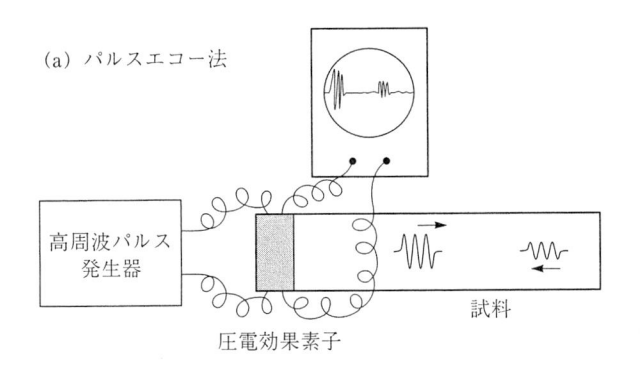

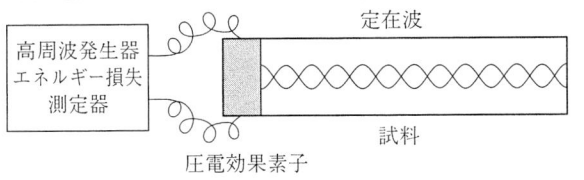

図 8.9 超音波の観測法

法と同様に用意した圧電効果素子に，パルスではなく定常高周波電場を加える．振動子の連続振動が試料に超音波として入っていく．高周波電場の振動数が適当であれば，試料の中で超音波の入射波と反射波とが干渉して定在波ができる．定在波ができると振幅は増大し，試料の中でのエネルギーの散逸も増大する．なぜなら，超音波は試料の中で不純物や構造の乱れなどによって必ず減衰を受け，その分だけエネルギーを熱などの形で散逸するからである．したがって，圧電素子に加える高周波電場のエネルギー損失を観測すれば，定在波ができたときに消費が増大するから，定在波ができたことがわかる．試料の長さの整数分の1が定在波の波長だから，定在波ができる条件は振動数に関してとびとびであり，定在波ができたときのとびとびの振動数を測定することによって波長がわかり，それと振動数を使って音速が求まる．

物質が一様でなくて部分によって剛性率などの弾性パラメターが異なると，その分だけ音速が変化する．また構造の不均一や不純物があると一般に減衰を受ける．このような性質を利用して地中や海中の音波探査，構造物の傷の検査，患者の超音波診断などに用いられる．ミクロな物性研究では，超音波が伝導電子やスピンと相互作用をすることを利用して，物質中の電子やスピンの振舞を調べることに用いられる．また物質が構造変化を起こすときに，特定のひずみに対して応力が著しく減少することがあるので，それを利用して構造相転移の研究に使われることもある．

8.2.3 フォノン

格子振動を量子化すると，振動の量子は**フォノン**とよばれる．単原子格子を考え，原子振動のハミルトニアンを導こう．原子の質量を M，n 番目原子の変位を q_n，ばね定数を c とすると，ラグランジアンは，

$$L = \frac{1}{2}\left[\sum_n \dot{q}_n^2 - c\sum_n (q_{n+1}-q_n)^2\right] \tag{8.29}$$

である．正準運動量は $p_n \equiv \partial L/\partial \dot{q}_n = M\dot{q}_n$ だから，ハミルトニアンは

§8.2 格子振動とフォノン

$$H = \frac{1}{2}\Big[\sum_n p_n{}^2 + c \sum_n (q_{n+1} - q_n)^2\Big] \tag{8.30}$$

となる.

交換関係 $[q_n, p_m] \equiv i\hbar\delta_{nm}$ によって量子化しよう. $na \equiv r$ とおいて,変位 q のフーリエ変換を作る.

$$q_r = \frac{1}{\sqrt{N}} \sum_k Q_k \, e^{ikr} \tag{8.31}$$

$$Q_k = \frac{1}{\sqrt{N}} \sum_s q_s \, e^{iks} \tag{8.32}$$

q_r は正準変数であるべきだから $q_r = q_r{}^\dagger$ である. したがって,

$$q_r = \frac{1}{\sqrt{N}} \sum_k Q_k \, e^{ikr} = q_r{}^\dagger = \frac{1}{\sqrt{N}} \sum_k Q_k{}^\dagger \, e^{-ikr} \tag{8.33}$$

であり,

$$Q_k = Q_{-k}{}^\dagger \tag{8.34}$$

となる. そこで q_r を書き直して,

$$q_r = \frac{1}{2\sqrt{N}} \sum_k (Q_k \, e^{ikr} + Q_k{}^\dagger \, e^{-ikr}) \tag{8.35}$$

が得られる.

次に Q_k に正準共役な運動量 P_k を導こう. もとのラグランジアンに Q_k を代入すると,

$$L = \frac{1}{2}\Big[M \sum_k \dot{Q}_k \dot{Q}_{-k} + 2c \sum_k Q_k Q_{-k}(1 - \cos ka)\Big] \tag{8.36}$$

となる. したがって,

$$P_k \equiv \frac{\partial L}{\partial \dot{Q}_k} = M\dot{Q}_{-k} = P_{-k}{}^\dagger \tag{8.37}$$

が得られる.

以上より,ハミルトニアンは

$$H = \frac{1}{2} \sum_k P_k P_{-k} + c \sum_k (1 - \cos ka) Q_k Q_{-k} \tag{8.38}$$

となる．P_k のフーリエ変換は $P_k = M\dot{Q}_{-k} = (M/\sqrt{N})\sum_s \dot{q}_s \exp(iks) = (1/\sqrt{N})\sum_s p_s \exp(iks)$ となり，$p_r = (1/\sqrt{N})\sum_k P_k \exp(-ikr)$ である．Q と P の交換関係は

$$[Q_k, P_{k'}] = \frac{1}{\sqrt{N}} \sum_r \sum_s [q_r, p_s] e^{-i(kr-k's)} = i\hbar \delta_{kk'} \quad (8.39)$$

であり，確かに満たされている．

もし k と $-k$ の違いを無視するなら，上のハミルトニアンは波数 k で区別した単振子の集合のハミルトニアンにほかならない．つまり，波長の異なる格子振動をそれぞれ独立な単振子とみなしてよいことになる．そのとき，単振子の変位の役割をしているのが Q_k である．本来 Q_k は波数 k の格子振動の振幅であるが，これが単振子の変位に相当する役割を果たしており，これを**フォノン座標**とよぶ．

このハミルトニアンを第2量子化することができ，系のエネルギーが

$$E = \sum_k \hbar\omega_k \left(n + \frac{1}{2}\right) \quad (8.40)$$

と得られる．単振子の場合と同様に，n は任意の整数である．古典モデルで格子振動の振幅が大きいことは，量子論的にはその波数のフォノンの数 n が多いことに相当する．

上の考察は格子振動の分枝に依存しない．したがって，フォノンを指定するには，波数 k，角振動 ω，および分枝を指定すればよい．

§8.3 格子比熱

格子振動の自由度に起因する比熱を**格子比熱**とよぶ．実験によれば，ほとんどの固体の比熱は室温では $3Nk_B$（N は物質に含まれる原子数）であり，比熱の等分配則が成り立つことがわかる．しかし低温では，温度の降下とともに比熱は T^3 程度の温度依存性でゼロに向かう．この温度依存性を理解するには量子論を必要とする．

§8.3 格子比熱

格子振動によるエントロピーを S,エネルギーを E とすると,定積比熱 C_v は $C_v = T(\partial S/\partial T)_v = (\partial E/\partial T)_v$ である.定積比熱は固体の体積を一定に保つ条件での比熱であり,理論的考察では,格子定数の温度変化をとり入れると扱いが複雑になるだけなので,定積比熱を議論するのが普通である.一方,比熱の測定においては,固体試料の熱膨張を抑えて体積一定の条件を実現することは困難なので,ほとんどの場合,圧力一定の条件のもとで定圧比熱を測定する.しかしながら,固体では熱膨張係数が小さいので,気体の場合と違って,定積比熱と定圧比熱の差はきわめて小さい.したがって,固体の比熱の議論では,通常,定積比熱と定圧比熱の差を無視してよい.

まず古典統計力学で定積比熱を求めよう.N 個の原子からなる 3 次元単原子格子を考える.原子の振動を,角振動 ω の $3N$ 個の調和振動子の集まりとみなそう.ひとつの調和振動子のエネルギーは次のように書ける.

$$E = \frac{p^2}{2m} + \frac{m\omega^2 q^2}{2} \equiv K + U \tag{8.41}$$

ここで m は原子の質量,p と q はその運動量と変位,K と U は運動エネルギーとポテンシャルエネルギーである.温度 T の代りに $\beta \equiv 1/k_B T$ を用いて,エネルギー E をもつ状態の存在確率は $e^{-\beta E}$ である.したがって,1 つの振動子のエネルギーの平均値 $\langle E \rangle$ は,

$$\begin{aligned}
\langle E \rangle &= \frac{\int_{-\infty}^{\infty}(K+U)\exp(-\beta K - \beta U)\,dp\,dq}{\int_{-\infty}^{\infty}\exp(-\beta K - \beta U)\,dp\,dq} \\
&= \frac{\int_{-\infty}^{\infty}\frac{p^2}{2m}\exp\left(-\frac{\beta p^2}{2m}\right)dp}{\int_{-\infty}^{\infty}\exp\left(-\frac{\beta p^2}{2m}\right)dp} + \frac{\int_{-\infty}^{\infty}\frac{m\omega^2 q^2}{2}\exp\left(-\frac{\beta m\omega^2 q^2}{2}\right)dq}{\int_{-\infty}^{\infty}\exp\left(-\frac{\beta m\omega^2 q^2}{2}\right)dq} \\
&= \frac{1}{2}k_B T + \frac{1}{2}k_B T \\
&= k_B T
\end{aligned} \tag{8.42}$$

となる．全部で $3N$ 個の振動子があるから，系の全エネルギーは $3Nk_BT$ である．したがって，比熱は $C_v = 3Nk_B$ となってエネルギーの等分配則を満たしているが，温度にはよらないことになるから実験と合わない．

調和振動子を量子論的に扱うと，1個の振動子のエネルギーは $E = n\hbar\omega$ （n はゼロまたは正の整数）で与えられる．量子統計力学でエネルギーの平均値を計算すると，

$$\langle E \rangle = \frac{\hbar\omega}{\exp(\beta\hbar\omega) - 1} \qquad (8.43)$$

となる．高温の極限つまり $\beta\hbar\omega \ll 1$ では，$\langle E \rangle \cong \hbar\omega/\beta\hbar\omega = k_BT$ となる．振動子が $3N$ 個あるから，全エネルギーは $3Nk_BT$，したがって比熱は $C_v = 3Nk_B$ となって古典論と一致する．低温の極限 $\beta\hbar\omega \gg 1$ では，$\langle E \rangle \cong \hbar\omega\exp(-\beta\hbar\omega)$ となるから比熱は $C_v \cong 3Nk_B(\hbar\omega/k_BT)^2\exp(-\hbar\omega/k_BT)$ となる．低温の極限の $\beta\hbar\omega \gg 1$ つまり $\hbar\omega/k_BT \ll 1$ では，この表式の指数関数が支配的だから，比熱は $T \to 0$ とともに指数関数的にゼロに向かう．ゼロに向かう点では実験と合うが，温度依存性が T^3 であることを説明できない．

上の考察では原子振動の角振動数 ω が一定だと考えた．光学分枝では角振動の波数依存性はそれほど大きくないから，上の比熱の量子論の考察は光学分枝に対してはそれほど間違っていないと考えられる．この取扱いを格子比熱の**アインシュタインモデル**という．しかしながら，音響分枝の角振動数は波数にほぼ比例するにもかかわらず，そのことが比熱の考察にとり入れられていない．低温では高い振動数の格子振動はほとんど励起されないから，低振動数をもつ音響分枝の格子振動が低温の比熱を支配するに違いない．このような場合を扱うための以下のモデルを**デバイモデル**とよぶ．

格子振動の角振動数が波数に比例し，$\omega = vk$ であるとしよう．v は音速である．アインシュタインモデルにおいて，振動子のエネルギー $\hbar\omega$ が一定ではなくある範囲に分布しているとすれば，アインシュタインモデルでの

エネルギーの平均値 $\langle E \rangle$ の計算結果を借用できるであろう．振動数の分布を $C(\omega)$ と表して，

$$\langle E \rangle = \int_0^\infty \frac{\hbar \omega C(\omega)}{\exp(\beta \hbar \omega) - 1} d\omega \tag{8.44}$$

ただし，振動状態の数は全部で $3N$ だから $\int_0^\infty C(\omega) d\omega = 3N$ という束縛条件がつく．

振動数の分布関数 $C(\omega)$ は，角振動数 ω の状態における振動状態の数の密度を表しているから，これを格子振動の**状態密度**とよぶ．状態密度は次のように計算できる．角振動数 ω と $\omega + \delta\omega$ の間にある状態の数は $C(\omega)\delta\omega$ と書ける．この角振動数の範囲にある状態は，等方的な波数空間では半径 k と $k + \delta k$ の球ではさまれた球殻の内部にあると言える．この波数域にある状態の数は $\{4\pi k^2 \delta k/(2\pi/L)^3\} \times 3 = (3L^3/2\pi^2)k^2\delta k$ である．ただし，一辺の長さ L の立方体に対して周期的境界条件を適用した．また，係数 3 は，1 つの波数状態が 3 つの独立な振動状態，つまり 1 つの縦波と 2 つの横波をもつことを表している．（縦波と横波の音速は同じだとした．両者の相違は以下の考察の本質には影響しない．）したがって，

$$C(\omega)\delta\omega = \frac{3L^3}{2\pi^2} k^2 \delta k \tag{8.45}$$

となる．$\omega = vk$ を用いて，

$$C(\omega) = \frac{3L^3}{2\pi^2 v} k^2 = \frac{3L^3}{2\pi^2 v^3} \omega^2 \tag{8.46}$$

が得られる．これをエネルギーの平均値の表式に代入して，

$$\langle E \rangle = \frac{3\hbar L^3}{2\pi^2 v^3} \int_0^{\omega_D} \frac{\omega^3 d\omega}{\exp(\beta \hbar \omega) - 1} \tag{8.47}$$

が得られる．ここで積分の上限 ω_D は，独立な振動状態数が $3N$ であるという束縛条件に対応するもので**デバイ（角）振動数**とよばれる．また，$\omega_D = vk_D$ で定義される波数 k_D を**デバイ波数**という．束縛条件をデバイ波数を使って表すと，

$$\frac{(4\pi/3)\,k_{\mathrm{D}}{}^3 \times 3}{(2\pi/L)^3} = 3N \tag{8.48}$$

ここで，N は体積 L^3 の立方体の中に含まれる原子の数である．したがって，$\omega_{\mathrm{D}} = v\{6\pi^2(N/L^3)\}^{1/3}$ となる．$\beta\hbar\omega = x$ とおいて ω に関する積分を無次元の x に関するものに書き換える．

$$\langle E \rangle = \frac{3L^3}{2\pi^2 v^3 \beta^4 \hbar^3} \int_0^{x_{\mathrm{D}}} \frac{x^3}{\mathrm{e}^x - 1}\,dx \tag{8.49}$$

ただし，$x_{\mathrm{D}} = \beta\hbar\omega_{\mathrm{D}}$ である．

比熱は上の (8.47) を温度で偏微分すれば求められる．偏微分は積分の中の β に作用する．適宜，変数を書き換え，係数を整理して，

$$C_v = \left(\frac{\partial E}{\partial T}\right)_v = 9Nk_{\mathrm{B}}\left(\frac{T}{\Theta_{\mathrm{D}}}\right)^3 \int_0^{x_{\mathrm{D}}} \frac{\mathrm{e}^x x^4}{(\mathrm{e}^x - 1)^2}\,dx \tag{8.50}$$

が得られる．ただし，$x_{\mathrm{D}} = \beta\hbar\omega_{\mathrm{D}} \equiv \Theta_{\mathrm{D}}/T$ によって定義される温度 **デバイ温度** を導入した．

低温の極限では

$$C_v = \frac{12}{5}\pi^4 N k_{\mathrm{B}}\left(\frac{T}{\Theta_{\mathrm{D}}}\right)^3 \tag{8.51}$$

となり，T^3 に比例するという実験事実とよく合う結果が得られる．固体の低温の比熱が T^3 に比例することを **デバイの T^3 則** という．

以上の考察では，音響分枝と光学分枝の区別を無視してすべてを $\omega \propto k$ の音響分枝であるかのように扱った．また，縦波と横波の区別も無視して $\omega = vk$ と単一の音速で表した．そこに登場したデバイ波数の大事な役割は，実際の物質がもつ振動の自由度 $3N$ が再現されるように，波数の最大値を定めることである．

デバイ角振動数とデバイ温度は $\omega_{\mathrm{D}} = vk_{\mathrm{D}}$, $\Theta_{\mathrm{D}} = \omega_{\mathrm{D}}/k_{\mathrm{B}}$ で，いずれも音速という物質固有の定数に比例しており，これらはその固体の硬さを表しているといえよう．たとえば，比較的柔らかい固体である Au のデバイ温度は 165 K，有機結晶では 200 K 程度，もう少し硬い Cu では 445 K であるが，

硬い物質の代表とされるダイヤモンドでは 2000 K 程度である．

デバイ温度の役割は，単にデバイ比熱の表式で温度をスケールすることだけではない．その物質の温度がデバイ温度程度になると，デバイ波数をもつ振動までが熱的に励起される．つまり，デバイ温度とは，その固体のすべての振動の自由度が励起される温度だと考えられる．

§8.4 非調和性と熱膨張，熱伝導

前節の格子振動の議論では，原子間距離の変化に対する復元力はフックの法則にしたがうと考えた．フックの法則ではポテンシャルエネルギーがひずみの 2 乗に比例する．このようなポテンシャルを調和ポテンシャルという．しかし，フックの法則はあくまで第 1 近似の法則であり，現実の物質ではそれからのはずれ，つまり非調和性がある．現実の物質の非調和性は，決してわずかな補正を与えるだけではない．熱膨張や熱伝導の現象は非調和性があって初めて起こる現象である．また，物質が熱平衡に達するためにも非調和性は不可欠である．

原子間距離 r に対する原子間相互作用ポテンシャルを $U(r)$ とする．$U(r)$ は一般に図 8.10 のような形をしている．平衡位置 r_0 からの小さいずれ $x \equiv r - r_0$ を考え，$x = 0$ の周りで U を x に関して展開すると

図 8.10 非調和ポテンシャルの調和近似

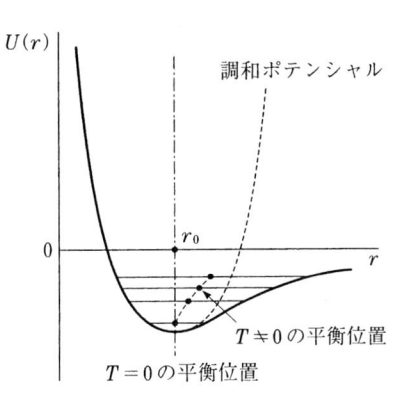

$$U(r) = U(r_0) + \left(\frac{dU}{dx}\right)_{r=r_0} x + \frac{1}{2!}\left(\frac{d^2U}{dx^2}\right)_{r=r_0} x^2 \\ + \frac{1}{3!}\left(\frac{d^3U}{dx^3}\right)_{r=r_0} x^3 + \frac{1}{4!}\left(\frac{d^4U}{dx^4}\right)_{r=r_0} x^4 \qquad (8.52)$$

と書ける．$x = r - r_0 = 0$ がつり合いの位置だとし，そこをエネルギーの原点とすると $(dU/dx)_{r=r_0} = 0$，$U(r_0) = 0$ である．$(d^2U/dx^2)_{r=r_0} \equiv c$，$(d^3U/dx^3)_{r=r_0} \equiv -g$，$(d^4U/dx^4)_{r=r_0} \equiv -f$ と書こう．$g = f = 0$ ならば調和ポテンシャルになる．

古典統計力学の範囲で，ひずみ x の平均値を計算しよう．

$$\langle x \rangle = \frac{\int_{-\infty}^{\infty} x\, e^{-\beta U(x)}\, dx}{\int_{-\infty}^{\infty} e^{-\beta U(x)}\, dx} \tag{8.53}$$

$c \gg g \gg f$ と考えられるから，分母の計算では $g = f = 0$ と近似してよかろう．分母は

$$\int_{-\infty}^{\infty} e^{-\beta c x^2}\, dx = \sqrt{\frac{\pi}{\beta c}} \tag{8.54}$$

となる．分子の計算では，指数関数を $e^{-\beta c x^2} e^{\beta(gx^3 + fx^4)}$ と書き，2番目の指数関数を $\cong 1 + \beta(gx^3 + fx^4)$ と展開しよう．そうすると分子は，

$$\int_{-\infty}^{\infty} e^{-\beta c x^2}(x + \beta g x^4 + \beta f x^5)\, dx = \frac{3\sqrt{\pi}}{4}\frac{g}{c^{5/2}}\beta^{-3/2} \tag{8.55}$$

となる．ここで，被積分関数の中で x^4 に関する偶関数の部分だけが残ることに注意しよう．したがって，$\langle x \rangle \cong (3/4)(g/c^2) k_B T$ となり，原子間距離が温度に比例して膨張することになる．熱膨張係数は g/c^2 に比例するから，3次のポテンシャル項が熱膨張を表現していることがわかる．

熱力学第3法則と実験によれば，熱膨張係数は $T \to 0$ とともにゼロに向かう．それを見るためには，上の計算を量子統計力学で行えばよい．ここでは結論だけを示しておこう．上の表式の $k_B T$ が古典論での振動子の平均エネルギーに相当していることになり，量子論ではそれが $\langle E \rangle = \hbar\omega/(e^{\beta\hbar\omega} - 1)$ で置き換えられる．低温の極限ではこれは T の1乗より大きいべきでゼロに向かうので，熱膨張係数はゼロに向かう．

熱伝導は単に物質中でエネルギーが輸送されるということだけではなく，エネルギーが熱という形で扱える場合の現象である．そのためには，物質中

でまず熱平衡が達成されている必要があり，非調和性が大事な役割を果たす．

格子振動とフォノンの議論では調和ポテンシャルを用いた．その結果得られた個々の振動状態，あるいは個々のフォノンは，それぞれ互いに独立であり相互作用の起こりようがない．相互作用が無いなら，たとえば高いエネルギーをもった"熱い"フォノンが物質に注入されるとき，これが多数の低いエネルギーのフォノンに分かれることはない．したがって，"熱い"フォノンはいつまでたっても物質中を往復するだけであり，物質は決して熱平衡に達しない．振動そのものは調和近似で扱って格子振動－フォノンというモデルで考えるとしても，物質が熱平衡に達するためには，格子振動－フォノンの相互作用項として非調和性が不可欠であることを強調しておこう．

しかしながら，格子振動あるいはフォノン間の相互作用があればそれだけで熱平衡に達するわけではない．たとえば，波数 q_1 で角振動数 ω_1 の格子振動と，波数 q_2 で角振動数 ω_2 の格子振動とが相互作用をして消滅し，代りに波数 q_3 で角振動数 ω_3 の格子振動が生まれるとき，波数保存則は $q_1 + q_2 = q_3$ である．フォノンモデルで考えると，$\hbar\omega$ がフォノンのエネルギーだから，エネルギー保存則は $\omega_1 + \omega_2 = \omega_3$ となる．波数とエネルギーの両方が保存されると，エネルギーの流れの向きも大きさも不変である．したがって，格子振動の相互作用が起こったとしてもエネルギーの流れは相互作用のないときと同じであり，熱平衡は実現されない．

熱平衡に達するためには**反転過程**（Umklappプロセス）とよばれる次のような相互作用プロセスが大事である．（これに対し，先に述べた過程を**ノーマル過程**という．）上で考えた格子振動の相互作用において $q_1 + q_2 = q_3 + G$, $\omega_1 + \omega_2 = \omega_3$ となることも可能である．ここで，G は適当な逆格子ベクトルである．こうなるのは，周期構造の中の波動では，波数は逆格子ベクトルだけの任意性をもつから，波数保存則に逆格子ベクトルが加わることが許されるからである．そうすると図8.11に示したように，運ばれる

エネルギーの大きさは不変であるが，流れの向きと波数は変ってよい．したがって，外部から固体に格子振動を注入した場合，それは相互作用をくり返すうちに多数のさまざまな波数の格子振動に転換されるとともに，波数のベクトル和も全く変ってしまってよいから，最後には熱平衡に達すると考えられる．格子振動の相互作用が起こる確率は，フォノンモデルでいえば存在するフォノンの数に比例すると考えられる．フォノンはボース粒子であり，高温ではその数は T に比例する．したがって，散乱をくり返す格子振動あるいはフォノンの平均自由行程は $1/T$ に比例し，低温では発散するから，相互作用は起こらなくなると考えられる．しかし，十分低温で平均自由行程が試料のサイズに達するようになると，実際の平均自由行程はその試料サイズで決まり，格子振動が試料端に達するたびに相互作用が起こるであろう．物質中に構造の乱れがあれば，それも散乱の原因となって格子振動の相互作用を引き起こす．

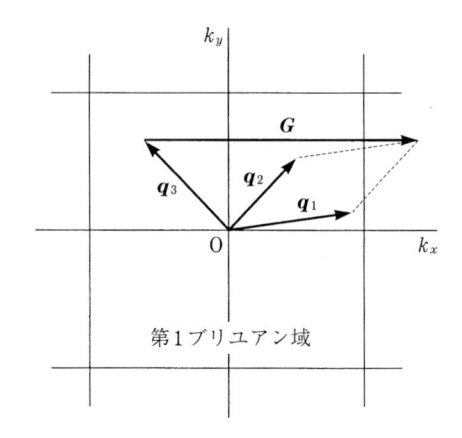

図 8.11 反転過程

演習問題

[1] 単純立方格子をもつ塩化セシウムのX線回折を考える．セシウムは $(0,0,0)$ の位置に，塩素は $(1/2,1/2,1/2)$ の位置にあり，格子定数は 4.11 Å である．波長 1.54 Å のX線に対する (111) 回折のブラッグ角を求めよ．さらに，(100) 回折と (200) 回折の構造因子を求めよ．

[2] ポリアセチレンは電気伝導性をもつ鎖状高分子であるが，格子振動の観点

からその構造を簡略化すると，炭素原子が一重結合と二重結合で交互に直線状に並んだものとみることができる．炭素原子の質量を m, 一重結合のばね定数を c, 二重結合のものを c' として，格子振動の分散関係を求めよ．一重結合と二重結合の区別がなくなって $c = c'$ となるときに，分散関係がどうなるか調べよ．

[3] 2原子格子の格子振動の角振動数の表式 (8.25) を導け．

[4] アインシュタインモデルでの振動子のエネルギーの平均値が (8.43) で与えられることを示せ．

[5] デバイモデルでの低温の比熱が (8.51) で与えられることを示せ．

回折実験の弱点　水素

物質構造を回折によって調べるために，X線のほかには電子線と中性子線が使われる．電子線は，物質中の電子および原子核とのクーロン相互作用が回折をひき起こす．電子線回折の実験のためには電子顕微鏡を使うことが多い．中性子は原子核の核子との核力相互作用によって回折を起こすから，いわば物質中の原子核だけを"見る"ことになる．中性子線回折は，通常は原子炉実験施設で行われるが，原子炉ではなく加速器で中性子を発生させることもある．

X線や電子線はそのエネルギーが非常に高いので，原子内部の電子を励起することを無視して，回折の強さは，単純に，原子が含む電子の数で決まると考えることが多い．したがって，多数の電子をもつ重原子を含む物質での実験に適している．これに対し，中性子は原子核を励起することがあるので，単に核子の数が多ければ実験が容易になるとは言えない．たとえば，アルミニウム原子核は中性子との相互作用が弱く，いわばアルミニウムは中性子に対して"透明"である．これを利用してアルミニウムで低温装置や圧力装置を作ると，その中にある試料の回折実験を，アルミニウム容器に妨げられないで行うことができる．一方，ホウ素の原子核は中性子を吸収してしまう．そのためホウ素を含む物質の中性子線回折の実験は容易ではない．

どの波動を用いても実験がむずかしいのは水素原子による回折である．電子数が少ないのでX線や電子線との相互作用が弱い．一方，中性子では別の問題がある．水素原子核は陽子そのものであり，その質量は中性子と同じである．したがって，玉突きのように中性子がストップして陽子がたたき出されるという相互作用（中性子の運動だけを考えると極端な非弾性散乱）が起こるので，回折実験をできないからである．分子性物質や生体高分子では水素原子が含まれるのが通例なので，どうしても中性子実験が必要な場合は水素を重水素で置換した物質を使うことがある．

9 光と物質

　第3章と第5章で学んだ電気伝導では，直流電場に対する定常的な応答を調べた．交流であっても電場の正負が逆転する時間に比べて電子や格子が十分早く応答するなら，交流と直流の電気伝導に本質的な違いはない．しかし，10 GHz 程度以上のマイクロ波や，10 THz 程度以上の赤外・可視・紫外光領域になると，電子や格子が電場の変化に追随できなくなる．さらに高周波で短波長のX線領域になると，電磁波は物質とあまり相互作用をせず，単に透過していくようになる．また絶縁体では，光が電子や格子を励起して多彩な性質が現れる．本章ではこのような光と物質との相互作用を学ぼう．

§9.1　反射と屈折

　電子は電場によって力を受けて運動をするが，格子との相互作用などを通して運動エネルギーを失う．エネルギーを失うプロセスを速度に比例する摩擦力で表すと，電子と電場との相互作用は一般に次の運動方程式で書けるであろう．

$$m\frac{d\bm{v}}{dt} = -e\bm{E} - \frac{m}{\tau}\bm{v} \tag{9.1}$$

ここで m と $\bm{v}$ は電子の質量および速度ベクトルであり，$\bm{E}$ は電場ベクトル，τ は散乱緩和時間である．

　電磁波の電場を $\bm{E} = \bm{E}_0 \mathrm{e}^{-i\omega t}$ と表そう．電子は電場の振動数と同じ振動数で運動すると考えられるから，上の運動方程式の解を $\bm{v} = \bm{v}_0 \mathrm{e}^{-i\omega t}$ と置い

て方程式に代入すると，

$$v_0 = -\frac{eE_0\tau}{m}\frac{1}{1-i\omega\tau} \tag{9.2}$$

となる．$\omega\tau \ll 1$ すなわちほとんど直流の電場，あるいは電子の散乱が非常に頻繁であるときは，$v_0 \cong -eE_0\tau/m$ となる．このとき，電場による力と電子の速度は同位相で振動する．それらの積の時間平均は電場から電子に与えられるエネルギーであり，それは有限となる．これが電子系と格子系に配分されたものがジュール熱にほかならない．逆に，$\omega\tau \gg 1$ すなわち電場が振動する間に電子がほとんど散乱されず，電子があたかも孤立して真空中におかれたような場合，$v_0 \cong -ieE_0/m\omega$ となる．このとき，電子の速度と電場による外力は位相が $\pi/2$ だけずれており，電場が電子に与えるエネルギーはゼロとなる．したがって，エネルギー的には電磁波と電子との相互作用はないといえる．これが高エネルギー X 線が物質中を透過する場合に相当する．$\omega\tau \sim 1$ であるとき，散乱緩和時間 τ は物質の状態に固有の値をもつから，物質の種類や温度などに応じて多彩な現象が起こる．

交流電場の下での電気伝導を調べよう．直流電場であれば，電流密度 j は電気伝導率 σ を使って $j = \sigma E$ と書けた．交流ではマクスウェル方程式が教えるように，電気変位（電束密度）D の時間変化も電流の役割をするから，

$$j = \sigma(\omega)E + \frac{\partial D}{\partial t} \tag{9.3}$$

と書ける．ただし，物質固有の比誘電率を $\varepsilon(\omega)$ として $D = \varepsilon(\omega)\varepsilon_0 E$ である．また，伝導率も比誘電率も周波数に依存するだろうから，それらを角振動数 ω の関数として表した．$E = E_0 e^{-i\omega t}$ の電場に対して，

$$j = \sigma(\omega)E - i\omega\varepsilon(\omega)\varepsilon_0 E = (\sigma(\omega) - i\omega\varepsilon(\omega)\varepsilon_0)E \equiv \tilde{\sigma}(\omega)E \tag{9.4}$$

となる．ここで，$\tilde{\sigma}(\omega)$ は，式の形をあえてオームの法則の形に表現した結

果出てきたもので，これを**複素伝導率**とよぶ．この式はまた，電気変位の時間変化だけが電流を生み出す形

$$\boldsymbol{j} = -i\omega\varepsilon_0\left\{\varepsilon(\omega) + i\frac{1}{\omega\varepsilon_0}\sigma(\omega)\right\}\boldsymbol{E} \equiv -i\omega\tilde{\varepsilon}(\omega)\varepsilon_0\boldsymbol{E} \quad (9.5)$$

に書き直すことができる．この $\tilde{\varepsilon}(\omega)$ を**複素比誘電率**とよぶ．

　複素伝導率，複素比誘電率に含まれる $\varepsilon(\omega)$ と $\sigma(\omega)$ は，いずれも物質固有の量であり，物質内のさまざまな励起過程で決まる．しかし，そのなかで導体に共通する性質を抜き出すことができる．電子密度 n で，散乱緩和時間 τ の伝導電子があるとしよう．電場によって電子が力を受け，$\delta\boldsymbol{x}$ だけ変位したとすると，運動方程式は次のように書ける．

$$m\left(\frac{d^2}{dt^2} + \frac{1}{\tau}\frac{d}{dt}\right)\delta\boldsymbol{x} = -e\boldsymbol{E} \quad (9.6)$$

$\boldsymbol{E} = \boldsymbol{E}_0\,\mathrm{e}^{i\omega t}$ を代入し，$\delta\boldsymbol{x} = \delta\boldsymbol{x}_0\,\mathrm{e}^{i\omega t}$ を代入すると，

$$\delta\boldsymbol{x}_0 = \frac{e\boldsymbol{E}_0}{m\{\omega^2 + (i\omega/\tau)\}} \quad (9.7)$$

が得られる．格子が止まったまま電子が変位するということは電気分極が生じることであり，電気分極 $\boldsymbol{P}$ は，

$$\boldsymbol{P} = -ne\,\delta\boldsymbol{x} = -\frac{(ne^2/m)}{\{\omega^2 + (i\omega/\tau)\}}\boldsymbol{E} \quad (9.8)$$

となる．ところで，電気変位，電気分極，比誘電率の関係は $\boldsymbol{D} = \varepsilon_0\varepsilon\boldsymbol{E} = \varepsilon_0\boldsymbol{E} + \boldsymbol{P}$ だから，

$$\varepsilon = 1 + \frac{P}{\varepsilon_0 E} \quad (9.9)$$

となる．これが角振動数 ω のときの複素比誘電率 $\varepsilon(\omega)$ にほかならない．

$$\tilde{\varepsilon}(\omega) = 1 - \frac{(ne^2/m\varepsilon_0)}{\omega^2 + (i\omega/\tau)} \quad (9.10)$$

これの実部が $\varepsilon(\omega)$ であり，虚部に $\omega\varepsilon_0/i$ を掛けたものが $\sigma(\omega)$ である．

$$\varepsilon(\omega) = 1 - \frac{\omega_\mathrm{p}^2\tau^2}{1 + (\omega\tau)^2} \quad (9.11)$$

$$\sigma(\omega) = \frac{\omega_p^2 \tau \varepsilon_0}{1+(\omega\tau)^2} \tag{9.12}$$

ここで，$\omega_p^2 \equiv ne^2/\varepsilon_0 m$ とおいた．

ω_p は**プラズマ振動数**とよばれ，導体の中で伝導電子の集団を振動させるときの固有振動数という意味をもっている．それを理解するにはたとえば次のように考えればよい．上で考えた電子の変位 $\delta \boldsymbol{x}$ は電気分極 $\boldsymbol{P} = n\boldsymbol{p} = -ne\delta\boldsymbol{x}$ を生じた．この分極が図 9.1 のように起こったとすると，それによる反電場は $-\boldsymbol{P}/\varepsilon_0 = (ne/\varepsilon_0)\delta\boldsymbol{x}$ である．これに $-e$ を掛けると，

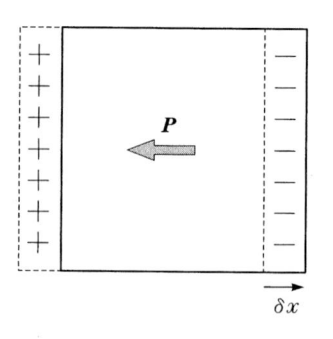

図 9.1 電気分極

電子の変位に対する復元力となるから，それを取り入れ，代りに散乱緩和による摩擦を無視した運動方程式は，

$$m\frac{d^2\delta\boldsymbol{x}}{dt^2} = -e\boldsymbol{E} - \frac{ne^2}{\varepsilon_0}\delta\boldsymbol{x} \tag{9.13}$$

となる．これは外力のもとの単振動の運動方程式であり，単振動の固有振動数は $\sqrt{ne^2/m\varepsilon_0} = \omega_p$ である．"プラズマ"とよぶ理由は，これが物質中でイオン集団と電子集団が相対的に振動する運動だからである．

§9.2 金属光沢とドルーデモデル

物質に電磁波を入射すると，アルミニウム，銅，金などの金属はよく光を反射するが，ガラス，プラスチックなどの絶縁体はあまり反射しない．（鏡が光をよく反射するのは裏面のアルミニウムなどの金属薄膜の性質の現れであり，ガラスの性質ではないことに注意しよう．絶縁体でも表面が滑らかならある程度の反射が起こるが，金属の反射とは比べものにならない．また，反射率が低いことは電磁波が透過することを意味するが，必ずしも厚い物質を透過するとは限らない．それは吸収があるからであるが，吸収の過程は別

途考える必要がある．）電子レンジは 2.6 GHz 程度の周波数の電磁波を発生しているが，全体を金属板と金属網で囲ってあるので電磁波が反射され，外部への漏れは極めて少ない．しかしさらに高周波の X 線であれば薄い金属板はある程度透過するので，手荷物検査や古代遺物の透視調査などに用いられる．

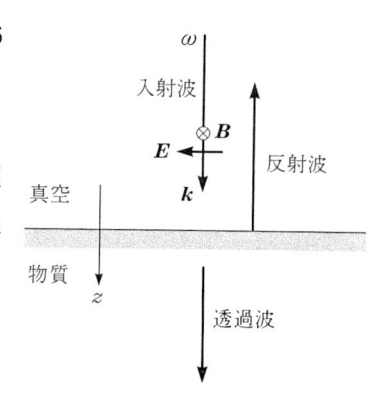

図 9.2 のように，角振動数 ω の電磁波が金属に垂直に入射するときの反射を調べよう．マクスウェル方程式によれば，

図 9.2 電磁波の入射，反射，透過

$$\left.\begin{aligned}\operatorname{rot} \boldsymbol{B} &= \mu_0\left(\sigma(\omega)\boldsymbol{E} + \frac{\partial \boldsymbol{D}}{\partial t}\right) \\ \operatorname{rot} \boldsymbol{E} &= -\frac{\partial \boldsymbol{B}}{\partial t} \\ \operatorname{div} \boldsymbol{E} &= 0 \\ \operatorname{div} \boldsymbol{B} &= 0\end{aligned}\right\} \quad (9.14)$$

であり，また，$\boldsymbol{D} = \varepsilon(\omega)\varepsilon_0 \boldsymbol{E}$ である．第 2 式の両辺に rot 演算を施し第 1 式を代入すると，次の電磁波の波動方程式が得られる．

$$\nabla^2 \boldsymbol{E} = \mu_0 \varepsilon(\omega)\varepsilon_0 \frac{\partial^2 \boldsymbol{E}}{\partial t^2} + \mu_0 \sigma(\omega)\frac{\partial \boldsymbol{E}}{\partial t} \quad (9.15)$$

初歩の電磁気学では真空や絶縁体を念頭におくので，右辺第 2 項の時間に関する 1 階微分を無視することが多い．この項は，係数に電気伝導率が含まれることから想像できるように，ジュール損失によって電磁波のエネルギーが失われる過程を表している．

この方程式の解を，

$$\boldsymbol{E} = \boldsymbol{E}_0 \exp\{i(kz - \omega t)\} \quad (9.16)$$

とおいて方程式に代入すると，$k^2 = \varepsilon_0 \mu_0 \varepsilon(\omega)\omega^2 + i\omega\mu_0\sigma(\omega)$ となる．ここ

で次のように**光速** c を導入する．

$$\frac{1}{c^2} \equiv \varepsilon_0 \mu_0 \tag{9.17}$$

そうすると，上の k^2 は $k^2 = (\omega^2/c^2)[\varepsilon(\omega) + i\{\sigma(\omega)/\omega\varepsilon_0\}] \equiv (\omega^2/c^2)N^2$ となり，

$$k = \frac{\omega}{c} N \tag{9.18}$$

となる．ここに登場した N は**複素屈折率**という意味をもち，その実部がいわゆる屈折率であり，虚部が以下に見るように減衰を表す．

$N = n + i\kappa$ とおくと，

$$n^2 - \kappa^2 = \varepsilon(\omega) \tag{9.19}$$

$$n\kappa = \frac{\sigma(\omega)}{2\varepsilon_0 \omega} \tag{9.20}$$

という関係が成り立つ．これを上の解 E に代入して，

$$\boldsymbol{E} = \boldsymbol{E}_0 \exp\left\{i\omega\left(\frac{nz}{c} - t\right)\right\} \exp\left(-\frac{\kappa\omega}{c}z\right) \tag{9.21}$$

が得られる．1番目の指数関数は，z 方向に c/n の速さで進む進行波を表している．2番目は，その波が $c/\kappa\omega$ 進むごとに振幅が $1/e$ に減衰することを意味する．物質が絶縁体であれば $\sigma(\omega) = 0$ だから，上の式から $\kappa = 0$ となり，2番目の指数関数は1となるから，電磁波は物質を透過することがわかる．ここに登場した n と κ をその物質の光学定数とよぶ．

電気伝導率 σ がゼロでないとき，真空と物質の界面のすぐ内側の物質中では

$$\boldsymbol{E} = \boldsymbol{E}_\mathrm{t} \exp\left\{i\omega\left(\frac{Nz}{c} - t\right)\right\} \tag{9.22}$$

であり，すぐ外側では

$$\boldsymbol{E} = \boldsymbol{E}_\mathrm{i} \exp\left\{i\omega\left(\frac{z}{c} - t\right)\right\} + \boldsymbol{E}_\mathrm{r} \exp\left\{-i\omega\left(\frac{z}{c} + t\right)\right\} \tag{9.23}$$

である．ただし，電磁波は界面に垂直に入射するとした．$\boldsymbol{E}_\mathrm{t}$ は物質内部に

入った電磁波の振幅であり，E_i と E_r はそれぞれ入射波，反射波の振幅である．界面に平行な電場成分が界面で連続であるためには $E_\mathrm{t} = E_\mathrm{i} + E_\mathrm{r}$ でなければならない．同様に磁場に関する波動方程式を解き，磁場ベクトル $\boldsymbol{H}$ の連続条件が得られる．電場と磁場の関係 $\mathrm{rot}\, \boldsymbol{E} = -(\partial \boldsymbol{B}/\partial t) = -\mu_0(\partial \boldsymbol{H}/\partial t)$ を用いて $NE_\mathrm{t} = E_\mathrm{i} - E_\mathrm{r}$ が得られる．2つの式から E_t を消去して，入射波と反射波の振幅の比が

$$E_\mathrm{r} = \frac{1-N}{1+N} E_\mathrm{i} \tag{9.24}$$

と求められる．

電磁波の反射率 R は

$$R \equiv \frac{|E_\mathrm{r}|^2}{|E_\mathrm{i}|^2} = \frac{(n-1)^2 + \kappa^2}{(n+1)^2 + \kappa^2} \tag{9.25}$$

となる．

反射率を電磁波の周波数の関数として調べてみよう．

（ⅰ）$\omega \ll 1/\tau \ll \omega_\mathrm{p}$ であるとき

これは低周波領域で，電磁波の振動の1周期の間に伝導電子が何度も散乱される．いわば，電子から見て電磁波が単なる直流電場のように見える領域である．したがって，静電誘導と同様に交流電場が伝導電子を分極させ（これはプラズマ振動の励起であるが，まだプラズマの共鳴には達していない），電場が遮蔽されるので電磁波は導体の中に入れないはずである．計算してみると，$n^2 - \kappa^2 = \varepsilon(\omega) = 1 - [\omega_\mathrm{p}^2 \tau^2/\{1 + (\omega\tau)^2\}] \cong 1 - \omega_\mathrm{p}^2 \tau^2$ となる．また，$2n\kappa = \sigma(\omega)/\varepsilon_0 \omega \cong (\omega_\mathrm{p}\tau)^2/\omega\tau \gg \omega_\mathrm{p}^2 \tau^2$ である．したがって，$\mathrm{Im}(N^2) \gg \mathrm{Re}(N^2)$ となり，$N^2 \cong i\sigma(\omega)/\varepsilon_0 \omega$ と書ける．そうすると $n + i\kappa = N = (\sigma(\omega)/2\varepsilon_0\omega)^{1/2}(1+i)$ となる．この係数部分は $\sigma(\omega)/\varepsilon_0\omega = ne^2\tau/\varepsilon_0\omega m = \omega_\mathrm{p}^2 \tau/\omega = (\omega_\mathrm{p}/\omega)\omega_\mathrm{p}\tau \gg 1$ となるから，$(\sigma(\omega)/2\varepsilon_0\omega)^{1/2} \equiv 1/\delta\ (\delta \ll 1)$ とおくと，

$$R = \frac{1 + (1-\delta)^2}{1 + (1+\delta)^2} \cong 1 - 2\delta = 1 - 2\sqrt{\frac{2\varepsilon_0\omega}{\sigma(\omega)}} \tag{9.26}$$

反射率は1に近く，電磁波はほとんど反射される．このような周波数領域を**ハーゲン-ルーベンスの領域**とよぶことがある．

（ii） $1/\tau \ll \omega_p \ll \omega$ のとき

これは高周波領域で，電子が自由に運動している間に電磁波は十分多数回の振動をするが，電子はまれにしか散乱されないので，伝導電子による電磁波のエネルギーの吸収は小さい．また，プラズマ振動の固有振動数を超えているので，電磁波のエネルギーがプラズマの励起に逃げることもないはずである．上と同様に大小関係を調べると，$n^2 - \kappa^2 \cong 1 - (\omega_p/\omega)^2 \sim 1$ となり，$2n\kappa \cong (1/\omega\tau)(\omega_p/\omega)^2 \ll 1$ であることがわかる．したがって，N^2 はほとんど実部だけであり，$n \cong 1$, $\kappa \cong 0$ となって，反射率は $R \cong 0$ となる．したがって，入射波のエネルギーがほとんどそのまま透過波のエネルギーになる．なお，透過して物質中に入った電磁波は，別のメカニズムによって多かれ少なかれ吸収されるが，いまここではそのメカニズムは考えていないことに注意しよう．

上の（i）と（ii）の中間領域を**緩和領域**とよぶ．そこでの反射率は $1/\tau$ と ω_p との大小関係に応じて調べる必要があるが，一般的と考えられる $1/\tau \ll \omega_p$ の場合は，反射率は1よりいくらか小さい値をもつ．ここでは結論だけを図9.3に示しておこう．なお，多くの伝導体の代表値として，たとえば $\tau \sim 10^{-12}$ 程度，$\omega_p \sim 10^{16}$ 程度とすれば，$1/\tau \ll \omega_p$ は妥当な近似である．以上の取扱いを反射率のドルーデ理論とよぶ．

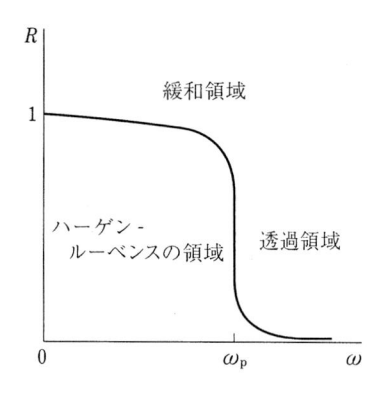

図9.3 電磁波の反射率

電磁波の反射率は，プラズマ振動数を境として低周波側ではほとんど反射され，高周波側では大部分透過することがわかった．したがって，ある物質について垂直入射の電磁波の反射率スペクトルを測定すれば，その物質が導

体であるかどうか，導体なら伝導電子密度と質量の比がどの程度であるかがわかる．

§9.3 光による励起

電磁波は伝導電子と相互作用をして，単に表面での反射を起こすだけではない．図9.4に例を示すように，真性半導体のいっぱいに詰まった価電子帯の電子が光で励起され，高いエネルギー域にある空の伝導帯に移ることが可能である．この励起過程では波数とエネルギーの保存則が成り立つはずである．たとえば，

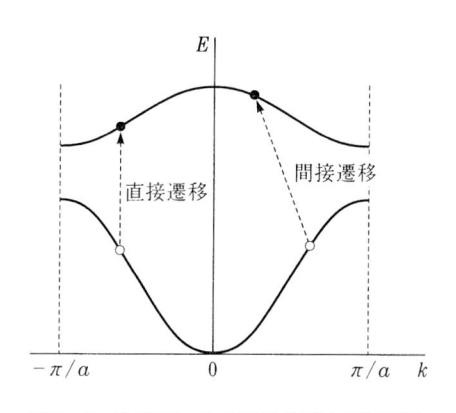

図 9.4 光吸収による直接遷移と間接遷移

波長 $1\,\mu\mathrm{m}$ の光子（フォトン）は約 $1\,\mathrm{eV}$ のエネルギーをもち，波数は 10^4 cm^{-1} である．一般的な物質の第1ブリユアン域の大きさは $10^8\,\mathrm{cm}^{-1}$ 程度だから，フォトンの波数は無視できるくらい小さい．したがって，伝導帯にある電子がフォトンを吸収することによる波数変化は，ブリユアン域の大きさに比べて一般に無視してよい．しかしエネルギーについては，伝導帯のエネルギー幅が $1\,\mathrm{eV}$ 程度の大きさであり，光による励起エネルギーと同程度である．したがって，図9.4の例のように遷移過程は"垂直"である．このような遷移を**直接遷移**とよぶ．しかしながら，フォトン1個とフォノン1個が吸収されて電子が励起されるときは，フォノンの波数がブリユアン域の大きさ程度になりうるから，垂直でない遷移も起こる．これを**間接遷移**という．

光によって価電子帯の電子が伝導帯に励起されると，価電子帯には電子の空席ができる．したがって，光によって電子と正孔のペアが作られたといってもよい．励起された電子と正孔のペアは，互いにクーロン力で引力をおよぼし合っており，水素原子型の束縛状態ができる．これをひとつの粒子とみ

なして**励起子（エクシトン）**とよぶ．電子と正孔の有効質量をそれぞれ m_e, m_h, 両者の距離を r としよう．この束縛状態は，換算質量 $\mu = m_e m_h / (m_e + m_h)$ の質点がクーロン引力による中心力 $1/4\pi\varepsilon\varepsilon_0 r$ のもとで運動する状態である．ただし，ε は比誘電率である．この運動は水素原子の電子と全く同じ形式であり，束縛状態はエネルギー準位 $n = 1, 2, 3, \cdots$ で表せる．物質の比誘電率は1より大きいし，電子－正孔ペアの換算質量も自由電子の質量より小さいことが多いので，束縛状態の軌道半径は，多くの場合，水素原子のボーア半径よりはるかに大きい．電子と正孔は，それぞれいくつもの単位胞にまたがる大きい軌道を運動する．このような励起子を，それを研究した人の名をつけて**ワニエ型励起子**とよぶ．

　AgCl などのアルカリハライドやアントラセンなどの分子性結晶では，束縛状態の軌道半径が小さく，励起子がひとつの分子や原子の中にとどまっていることがある．このような励起子は**フレンケル型励起子**とよぶ．

　励起子はあくまで価電子帯から励起された電子の状態だから，その電子はやがてもとの価電子帯にもどる．これは電子と正孔の再結合であり，再結合までの時間が励起子の寿命である．

　作られた励起子の電子と正孔が，外部電場などによってその束縛状態から解き放たれると，励起子という描像は適当でなくなる．電子と正孔は電場の下でそれぞれ逆向きに独立な運動をして電流を担うことができる．これを**光伝導**とよぶ．また，不純物半導体の不純物原子も光を吸収してイオン化し，電子を伝導帯に生み出すことができる．そのような電子も光伝導を生じる．

　実験では，試料につけた2本のリード線に電位差を与えておき，光を照射したことによって流れる電流を測定すれば，電子や正孔がそれぞれの伝導帯で運動する様子を調べることができる．励起されていた電子はやがて何らかの相互作用によって元にもどるから，光電流には有限の寿命がある．光を照射しつづけると，この寿命と電子励起の確率とのつり合いで，定常的に光電流が流れる．自動ドアなどに用いられる光センサーにはいくつかのタイプが

§9.3 光による励起　141

あるが，いずれも光伝導を動作原理の基本としている．

　光によって電子を励起するとき，励起過程を支配するのは運動量とエネルギーの保存則だけではない．伝導帯の対称性に関係する選択則がある．一般に電子と相互作用をするのは電磁波の電場である．プラズマ振動に関連して考察したように，電場 E が電子を x だけ変位させて電気双極子が作られる．このとき，電場が電子に $-eE$ の力を加え，電子が x だけ変位するのだから，相互作用エネルギーは $-eEx$ であろう．この型の相互作用を**双極子相互作用**という．具体的に物性を調べる際にはこれを実際の条件に則して扱えばよい．量子論では，このような相互作用エネルギーの表式 H' が得られたら，それを始状態 $\langle i|$ と励起先の終状態 $\langle f|$ ではさんだ行列要素，$\langle i|H'|f\rangle$ を計算して遷移確率を求めることができる．$-eEx$ は x の奇関数だから，始状態と終状態とは空間の反転対称性が違っていなければならない．

　電磁波は格子振動とも相互作用をする．その結果，電磁波を吸収して格子振動が励起されたり，逆に格子振動が電磁波を放出することもある．前者は赤外線が物質を暖める過程のひとつであり，後者は物体の温度を上げると赤熱する過程のひとつである．格子との相互作用も，その基本は電磁波の電場と格子イオンの電荷との双極子相互作用である．したがって，正，負電荷のイオンでできているイオン結晶では，それらのイオンが逆向きに変位する光学分枝の振動と電磁波とが強く相互作用をする．

　格子振動と電磁波の相互作用においても，エネルギーと波数の保存則が成り立つから，振動状態の励起（フォノンの励起）は"垂直"に起こる．また，格子振動のエネルギーは電子の伝導帯のエネルギー幅に比べてかなり小さく，$10\sim100$ meV 程度の大きさである．したがって，格子振動と強く相互作用をする電磁波は，一般に赤外・遠赤外光領域である．

§9.4 非線形光学

§9.1, §9.2で考察したように，物質中の電磁波の性質はその物質固有の性質で決まるが，たとえば絶縁体を考えると，比誘電率 $\varepsilon(\omega)$ が光学的性質を支配する．比誘電率の基礎になっているのは電気分極 $\boldsymbol{P} = \chi_e \boldsymbol{E}$ である．ただし χ_e は電気分極率である．電気分極が電場に比例するというこの関係は，現実に起こる現象を線形近似したものであり，実際の電気分極は，多かれ少なかれ電場の2乗, 3乗, … に比例する成分をもつ．もし高次項が無視できないくらい大きくなると，角振動数 ω の電磁波を入射したとしても，電気分極 $\boldsymbol{P}$ や電気変位 $\boldsymbol{D}$ には $2\omega, 3\omega, \cdots$ の成分が現れてよい．その結果生じる現象が非線形光学現象である．

たとえば，2次の強い非線形性をもつ物質に波長 600 nm の赤い光を入射すると，波長 300 nm の近紫外光をとり出すことができる．もちろん，ミクロな基礎過程としては赤い光の2個の光子が近紫外光の1個の光子に変るのであり，エネルギーが保存されることは言うまでもない．一般に，高いエネルギーの光子を物質に入射して低いエネルギーの光子を得ることは，物質中で適当な相互作用によって入射光子のエネルギーを奪うことによって可能であろう．しかし，その逆を実現するためには非線形光学効果を利用する必要がある．

鏡 と ガ ラ ス

　金属は特有の金属光沢をもつ．それは可視光域の電磁波の振動数がプラズマ振動数 ω_p より低く，電磁波がほぼ 100% 近く反射されるからである．多くの金属では ω_p が可視・紫外光領域にあるが，金属の銅では ω_p は $10^{16}\,\mathrm{s}^{-1}$ 程度である．この周波数の電磁波の波長は $10^3\,\mathrm{Å}$ 程度で可視・紫外光領域である．反射率の急激な変化のため特有の色がついて見える．

　酸化物や分子性の伝導体では単位胞の大きさが $10\,\mathrm{Å}$ 程度の大きさをもっており，そのために伝導電子密度が通常の金属より 1 桁～2 桁小さい．したがって，ω_p が赤外領域にあり，金属であるにもかかわらず可視光では金属光沢がなく，薄い物質なら可視光が透過して見えることもある．可視光がよく反射されるかどうかは，その物質が金属かどうかを見分けるひとつの判定方法であるが，必ずしも万能ではないことに注意しよう．なお，鏡がよく光を反射するのはガラスの性質ではなく，ガラスの裏側につけた金属薄膜（アルミニウムなど）の性質である．ガラスそれ自身の反射率は金属に比べて非常に小さい．実際，窓の外が暗い夜に室内から外を見ると室内の様子が映って見えるが，それは暗い反射像であり，決して鏡のように明るく反射しているのではない．

演習問題略解

第 2 章

[1] 波動関数を $\phi(x)$, 固有エネルギーを E とすると,
$$H(x)\phi(x) = E\phi(x)$$
$$H(x+a)\phi(x+a) = E\phi(x+a)$$
であるが, ポテンシャルの周期性から $H(x) = H(x+a)$ である. したがって, $\phi(x)$ と $\phi(x+a)$ は同じ固有値に属するから, (縮退がなければ) $\phi(x+a) = C\phi(x)$ と書ける. 系の長さを $L \equiv Na$ として周期的境界条件を適用すると, $\phi(x+Na) = C^N \phi(x) = \phi(x)$ である. したがって, $C^N = 1$, つまり $C = \exp(2\pi ni/N)$, ただし n は任意の整数である. $k \equiv 2\pi n/Na$ を導入して, $\phi(x) \equiv \exp(ikx) u_n(x)$ ただし $u_n(x+a) = u_n(x)$ ならば, $\phi(x)$ は満足な解である. この k は自由電子の波数という意味をもっている.

[2]
$$\phi(x+a) = \exp\{ik(x+a)\} u_k(x+a)$$
$$= \exp(ika)\exp(ikx) u_k(x)$$
$$= \exp(ika)\phi(x)$$

[3] (2.7)~(2.9) の定義式で, $[\boldsymbol{c}\times\boldsymbol{a}]$ など, $\boldsymbol{a}$ を含むものが $\boldsymbol{a}$ に直交することから明らか.

[4] $\boldsymbol{a}\cdot[\boldsymbol{b}\times\boldsymbol{c}]$ は $\boldsymbol{a}$, $\boldsymbol{b}$, $\boldsymbol{c}$ で作られる平行 6 面体の体積 V に等しく, また $[\boldsymbol{b}\times\boldsymbol{c}]$ はこの平行 6 面体の底面積を表すことから明らか.

第 3 章

[1] 2 次元では k 空間の微小面積 $(2\pi)^2/L^2$ ごとに状態がひとつあるから, フェルミ円の面積をこれで割ったものの 2 倍が粒子数 nL^2 に等しい. 3 次元ではフェルミ球の体積を $(2\pi)^3/L^3$ で割って 2 倍したものが粒子数 nL^3 に等しい. この関係から k_F が求められ, $p_F = \hbar k_F$, $E_F = p_F{}^2/2m$, $v_F = p_F/m$ が得られる. 2 次元では, $p_F = \hbar\sqrt{2\pi n}$, $E_F = \pi\hbar^2 n/m$, $v_F = \hbar\sqrt{2\pi n}/m$, 3 次元では $p_F =$

$\hbar(3\pi^2 n)^{1/3}$, $E_F = \hbar^2(3\pi^2 n)^{2/3}/2m$, $v_F = \hbar(3\pi^2 n)^{1/3}/m$.

[2] (1) まず電子密度を求めよう．Cu 1 m³ のモル数は $8.96 \times 10^3/63.6 \times 10^{-3}$，これに 6×10^{23} を掛けるとその中の原子数となり，1 原子は 1 個の伝導電子を放出しているからそれが電子数密度 n に等しい．したがって，$\tau = 6 \times 10^7 \times m/ne^2 \cong 2.5 \times 10^{-16}$ s である．

(2) 一辺の長さ L の立方体に周期的境界条件を適用する．波数空間でフェルミ波数 k_F を半径とする球の体積 $4\pi k_F^3/3$ を $(2\pi/L)^3$ で割っただけの電子状態があり，それぞれに 2 電子が収容される．それが電子数 nL^3 に等しい．これから k_F が求まり，それに $\hbar$ を掛けて m で割ればフェルミ速度が得られる．$v_F \cong 1.5 \times 10^6$ m s となる．$l = v_F \tau \cong 3.7 \times 10^{-10}$ m で，これは格子定数程度の長さである．

第 4 章

[1] (4.8) をシュレーディンガー方程式に代入して，
$$(H_0 + U)(\alpha_k \phi_k + \alpha_{k+G} \phi_{k+G}) = E_k(\alpha_k \phi_k + \alpha_{k+G} \phi_{k+G})$$
$$\alpha_k(E_k^0 + U)\phi_k + \alpha_{k+G}(E_{k+G}^0 + U)\phi_{k+G} = (\alpha_k \phi_k + \alpha_{k+G}\phi_{k+G})E_k$$
となる．後の式の両辺に左から ϕ_k^* および ϕ_{k+G}^* を掛けて空間積分をすると，α_k と α_{k+G} に関する永年方程式
$$\alpha_k(E_k^0 + U_{k,k} - E_k) + \alpha_{k+G} U_{k,k+G} = 0$$
$$\alpha_k U_{k,k+G} + \alpha_{k+G}(E_{k+G}^0 + U_{k+G,k+G} - E_k) = 0$$
が得られる．この解があるためには，係数行列式がゼロでなければならない．ただしここで，$U_{k,k} = u(0)$, $U_{k+G,k+G} = u(0)$ であり，$u(0)$ はポテンシャル $U(x)$ の空間的に一様な成分である．それは単に系のエネルギーを一様に増すだけだから，いまの場合無視する．また，容易に $U_{k,k+G} = u(G)$ であることがわかる．したがって，E_k に関する 2 次方程式
$$E_k^2 - (E_k^0 + E_{k+G}^0)E_k + E_k^0 E_{k+G}^0 - u(G)^2 = 0$$
が得られる．これを解けば (4.9) が得られる．

[2] $k = -\pi/a$, $k + G = \pi/a$ のとき，
$$\phi_+ = \frac{1}{\sqrt{2}}\left\{\exp\left(-\frac{i\pi x}{a}\right) + \exp\left(\frac{i\pi x}{a}\right)\right\} = \sqrt{2}\cos\frac{\pi x}{a}$$
$$\phi_- = \frac{1}{\sqrt{2}}\left\{\exp\left(-\frac{i\pi x}{a}\right) - \exp\left(\frac{i\pi x}{a}\right)\right\} = \sqrt{2}\,i\sin\frac{\pi x}{a}$$
となる．ただし，ϕ_+ と ϕ_- の正・負の記号は，$u(2\pi/a) > 0$ のとき得られたエ

ネルギー表式の根号の複号に対応するようにつけた．このときは，たとえば $x=0$ はポテンシャルの山であるが，ψ_+ はそこに大きい振幅をもつからエネルギーが高くなり，分裂したエネルギーの高い方に対応すると考えられる．

[3] 領域 $0<x<a$ では $V=0$ であり，その解は，
$$u = e^{-ikx}(A\,e^{i\alpha x} + B\,e^{-i\alpha x})$$
領域 $a<x<a+b$ では $V=V_0$ であり，解は
$$u = e^{-ikx}(C\,e^{\beta x} + D\,e^{-\beta x})$$
ただし，$\alpha=\sqrt{2mE/\hbar^2}$，$\beta=\sqrt{2m(V_0-E)/\hbar^2}$．定数 A,B,C,D は，$x=0$ と $x=a$ で u と du/dx が連続になるように定める．また，$u(0)=u(a+b)$ でなければならない．これらの条件から次の4式が得られる．

$$A+B = C+D$$
$$i(\alpha-k)A - i(\alpha+k)B = (\beta-ik)C - (\beta+ik)D$$
$$A\,e^{i(\alpha-k)a} + B\,e^{i(\alpha+k)a} = C\,e^{-(\beta-ik)b} + D\,e^{(\beta+ik)b}$$
$$i(\alpha-k)A\,e^{i(\alpha-k)a} - i(\alpha+k)B\,e^{-i(\alpha+k)a}$$
$$= (\beta-ik)C\,e^{-(\beta-ik)b} - (\beta+ik)D\,e^{(\beta+ik)b}$$

この永年方程式の解があるためには，係数行列式がゼロ，つまり (4.13) が得られる．

(4.13) の右辺の値は -1 から 1 の間にある．左辺はエネルギー E の連続関数だから，E の値としてたとえば $\alpha a = n\pi$ とおいてみると，左辺は $\cosh\beta b \times (-1)^n$ となる．ハイパボリック余弦関数は常に >1 だから，このエネルギー E に対する解はない．ここで，n を1だけ変化させるたびに左辺は符号を転じるから，$n\pi < E < (n+1)\pi$ の範囲で必ずゼロをよぎる．したがって，その前後の適当な範囲では必ず上の方程式の解がある．つまり，エネルギー値についてシュレーディンガー方程式の解がある範囲とない範囲とが交互に存在することがわかる．

[4] x を格子定数 a だけ平行移動すると，波動関数は
$$\phi(x+a) = \sum_l \exp(ikl)\,\phi(x+a-l)$$
$$= \sum_l \exp(ika)\exp\{ik(l-a)\}\phi(x-l+a)$$
$$= \exp(ika)\sum_{l'}\exp(ikl')\,\phi(x-l')$$
$$= \exp(ika)\,\phi(x)$$

ただし $l' = l - a$ とおいたが，和はすべてにわたって行うからこの置き換えの影響は受けない．位相因子 $\exp(ika)$ がでてきたから確かにブロッホの定理を満たす．

[5] 等方的2次元では，エネルギー $E \sim E + \delta E$ の状態は波数空間の半径 $k \sim$

$k+\delta k$ の円環の中にあるから，その面積 $2\pi k\,\delta k$ を $(2\pi/L)^2$ で割って 2 倍すれば状態数が求まる．$E=\hbar^2 k^2/2m$ の関数は 1 次元と同じである．したがって $D(E)_{\mathrm{2D}}=(\sqrt{2mE}/\pi\hbar)(m/\hbar\sqrt{2mE})=m/\pi\hbar^2$ となる．

3 次元では，半径 k の球の表面積 $4\pi k^2$ に δk を掛けたものを $(2\pi/L)^3$ で割れば状態数が求まる．あとは 2 次元と同様にして $D(E)_{\mathrm{3D}}=\sqrt{2}\,m^{3/2}\sqrt{E}/\pi^2\hbar^3$ となる．

第 5 章

[1] (1) これを 1 次元結晶とみなすと，単位胞は 2 個の炭素原子を含み，単位胞当り 2 個の伝導電子がある．どのようなバンドモデルであっても，この伝導電子によって伝導帯は第 1 ブリユアン域の端までいっぱいに満たされ，その高エネルギー側には禁制帯がある．したがって，ポリアセチレンは絶縁体（真性半導体と言ってもよい）である．

(2) カリウムを添加するとポリアセチレンには電子が与えられる．これは禁制帯の上の空の伝導帯に入って電気伝導を担う．ヨウ素を添加するとポリアセチレンから電子が奪われる．したがって，いっぱいに詰まった伝導帯に電子の空席ができ，電気伝導が起こる．これはまた正孔が生まれたとも言え，その場合は正孔が電気伝導を担うと言える．

[2] 磁場が z 方向に加えられるとき，運動方程式は次式で与えられる．

$$m\left(\frac{d}{dt}+\frac{1}{\tau}\right)v_x=-ev_y B,\quad m\left(\frac{d}{dt}+\frac{1}{\tau}\right)v_y=ev_x B,\quad m\left(\frac{d}{dt}+\frac{1}{\tau}\right)v_z=0$$

z 成分については容易に $v_z=v_{0z}\exp(-t/\tau)$ が求まる．x,y 成分の解を求めるために，$v_x=v_{0x}\exp(-i\omega t)$，$v_y=v_{0y}\exp(-i\omega t)$ と置くと，

$$m\left(-i\omega+\frac{1}{\tau}\right)v_{0x}=-eBv_{0y},\quad m\left(-i\omega+\frac{1}{\tau}\right)v_{0y}=eBv_{0x}$$

となる．この永年方程式が解をもつためには，係数行列式がゼロでなければならず，

$$\omega^2\left(1-\frac{i}{\omega\tau}\right)^2=\left(\frac{eB}{m}\right)^2$$

である．$\omega\tau\gg 1$ では $\omega=eB/m$ であり，これを上の連立方程式に代入して，速度ベクトルに関する (5.20) が得られる．

[3] 電場を x 方向，磁場を z 方向に加えるときの電子の運動方程式は次のように書ける．

148　演習問題略解

$$m\left(\frac{d}{dt}+\frac{1}{\tau}\right)v_x = -e(E_x+v_yB)$$

$$m\left(\frac{d}{dt}+\frac{1}{\tau}\right)v_y = -e(E_y-v_xB)$$

$$m\left(\frac{d}{dt}+\frac{1}{\tau}\right)v_z = -eE_z$$

定常状態の解を求めるには $d/dt \to 0$ とすればよい．$\omega_c = eB/m$ として，

$$v_x = -\frac{e\tau}{m}E_x - \omega_c\tau v_y, \quad v_y = -\frac{e\tau}{m}E_y - \omega_c\tau v_x, \quad v_z = -\frac{e\tau}{m}E_z$$

となるから，解は，

$$v_x = -\frac{e\tau/m}{1+(\omega_c\tau)^2}(E_x - \omega_c\tau E_y)$$

$$v_y = -\frac{e\tau/m}{1+(\omega_c\tau)^2}(E_y + \omega_c\tau E_x)$$

$$v_z = -\frac{e\tau}{m}E_z$$

これに電荷密度 n と電荷 $-e$ を掛けて電流密度の表式(5.21)が得られる．電流密度と電場を結びつけるものが電気伝導率テンソルである．

第 7 章

[1]　Φ_S に対しては，

$$\frac{4\pi\varepsilon_0}{e^2}U_S = \frac{1}{2}\iint \Bigl\{\phi_a^*(r_1)\phi_b^*(r_2)\frac{1}{r_{1,2}}\phi_a(r_1)\phi_b(r_2)$$

$$+ \phi_a^*(r_2)\phi_b^*(r_1)\frac{1}{r_{1,2}}\phi_a(r_2)\phi_b(r_1)$$

$$+ \phi_a^*(r_1)\phi_b^*(r_2)\frac{1}{r_{1,2}}\phi_a(r_2)\phi_b(r_1)$$

$$+ \phi_a^*(r_2)\phi_b^*(r_1)\frac{1}{r_{1,2}}\phi_a(r_1)\phi_b(r_2)\Bigr\}dr_1dr_2$$

Φ_A に対しては，

$$\frac{4\pi\varepsilon_0}{e^2}U_A = \frac{1}{2}\iint \Bigl\{\phi_a^*(r_1)\phi_b^*(r_2)\frac{1}{r_{1,2}}\phi_a(r_1)\phi_b(r_2)$$

$$+ \phi_a^*(r_2)\phi_b^*(r_1)\frac{1}{r_{1,2}}\phi_a(r_2)\phi_b(r_1)$$

$$- \phi_a^*(r_1)\phi_b^*(r_2)\frac{1}{r_{1,2}}\phi_a(r_2)\phi_b(r_1)$$

$$-\phi_a{}^*(r_2)\,\phi_b{}^*(r_1)\frac{1}{r_{1,2}}\phi_a(r_1)\,\phi_b(r_2)\Big\}\,dr_1dr_2$$

である．

　これらの表式の右辺の最初の 2 項を**直接クーロン相互作用**のエネルギーといい，後の 2 項を**交換クーロン相互作用**という．$U_A - U_S$ で残る項が (7.14) の右辺である．

第 8 章

[1] X 線の波長を λ として，波数は $k = 2\pi/\lambda$．結晶の逆格子ベクトルの長さは $a^* = 2\pi/a$．(111) 回折の散乱ベクトルの長さ K は $K = \sqrt{3}\,a^*$．ラウエの回折条件は，回折角を θ として $K = 2k\sin\theta$．これを解いて，$\sin\theta \cong 0.649$，したがって $\theta = 40.5°$ となる．散乱ベクトル $\boldsymbol{K}$ に対する構造因子は $F(\boldsymbol{K}) = \sum_k f_k(\boldsymbol{K})\exp(-i\boldsymbol{K}\cdot\boldsymbol{r}_k)$，セシウムの原子散乱因子を f_{Cs}，塩素のものを f_{Cl} としよう．原子座標ベクトルの成分は，セシウムは $(0,0,0)$，塩素は $(a/2, a/2, a/2)$，散乱ベクトル $\boldsymbol{K}$ の成分は，(100) 回折のとき $(a^*, 0, 0)$，(200) 回折では $(2a^*, 0, 0)$ である．これらを用いて，構造因子は (100) 回折のとき $F = f_{Cs} - f_{Cl}$，(200) 回折では $F = f_{Cs} + f_{Cl}$．

[2] (8.25) を用い，$M_1 = M_2 = m$ とおいて，

$$\omega_1{}^2 = \frac{cc'}{2m(c+c')}\,a^2k^2, \quad \omega_2{}^2 = \frac{2(c+c')}{m} - \frac{cc'}{2m(c+c')}\,a^2k^2$$

である．さらに $c = c'$ なら

$$\omega^2 = \frac{2}{m} \pm \sqrt{\frac{4c^2}{m^2}\left(1 - \sin^2\frac{ak}{2}\right)}$$

三角関数の倍角の公式を用いて，$\omega_1 = \sqrt{4c/m}\,\sin(ak/2)$ および $\omega_2 = \sqrt{4c/m}\,\cos(ak/2)$ が得られる．ところで，こうなると単位胞の大きさが半分になって単原子格子になったとも考えられるから，第 1 ブリュアン域のサイズが 2 倍になる．そうすると，ここで得た ω_2 は実は ω_1 を拡張したものに過ぎず，結局，音響分枝と光学分枝を区別する理由がなくなる．単原子格子になったのなら，これは当然の結果である．

[3] 連立方程式 (8.23)，(8.24) の解を

$$u_{2n} = \xi\exp[i(\omega t - nka)]$$
$$u_{2n+1} = \eta\exp[i(\omega t - (na+b)k)]$$

とおき，運動方程式に代入すると次式が得られる．

$$-M_1\omega^2\xi\,e^{i(\omega t-nka)} = c(\eta\,e^{i\{\omega t-(na+b)k\}} - \xi\,e^{i(\omega t-nka)})$$
$$+ c'(\eta\,e^{i\{\omega t-(na+b-a)k\}} - \xi\,e^{i(\omega t-nka)})$$

ξ と η について式を整理して,
$$-M_1\omega^2\xi = (c+c'e^{iak})\eta\,e^{-ibk} - (c+c')\xi$$

同様に,
$$-M_2\omega^2\eta = (c+c'e^{-iak})\xi\,e^{ibk} - (c+c')\eta$$

が得られる. ξ と η に関するこの連立方程式が解けるためには, 係数行列式がゼロでなければならない. したがって,
$$\{M_1\omega^2 - (c+c')\}\{M_2\omega^2 - (c+c')\} - (c+c'e^{iak})(c+c'e^{-iak}) = 0$$
これを ω^2 について解けば (8.25) が得られる.

[4]
$$\langle E \rangle = \frac{\sum_{n=0}^{\infty} n\hbar\omega \exp(-n\hbar\omega)}{\sum_{n=0}^{\infty} \exp(-n\hbar\omega)}$$
$$= \hbar\omega \frac{d}{d(-\beta\hbar\omega)} \log\left\{\sum_{n=0}^{\infty} \exp(-n\beta\hbar\omega)\right\}$$
$$= \hbar\omega \frac{d}{d(-\beta\hbar\omega)} \log\left\{\frac{1}{1-\exp(-\beta\hbar\omega)}\right\}$$
$$= \hbar\omega \frac{\exp(-\beta\hbar\omega)}{1-\exp(-\beta\hbar\omega)}$$
$$= \frac{\hbar\omega}{\exp(\beta\hbar\omega)-1}$$

[5] $x_D = \Theta_D/T \to \infty$ だから, エネルギーの平均値 (8.49) の積分の上限を無限大としてよかろう. 積分公式を使って
$$\int_0^\infty \frac{x^3}{e^x-1}\,dx = 6\zeta(4) = 6\sum_{n=1}^{\infty}\frac{1}{n^4} = \frac{\pi^4}{15}$$
となり, エネルギーは
$$\langle E \rangle = \frac{3k_B^4 T^4}{2\pi^2 v^3 \hbar^3}\frac{\pi^4}{15} = \frac{3}{5}\pi^4 N k_B \Theta_D^{-3} T^4$$
となる. 比熱はこれを温度で偏微分して, (8.51) が得られる.

索　引

ア

アインシュタインモデル　122
アルカリハライド　140
アントラセン　140
圧電効果素子　117

イ

1軸異方性　100
イオン結合　3
イオン結晶　141
移動積分　46
異方的電子系　51

ウ

Umklappプロセス（反転過程）　127
ヴァン・ヴレック常磁性　88
ヴィーデマン-フランツの法則　68

エ

n型半導体　76
X線　106
　――回折　106
エクシトン（励起子）　140
エバルト球　111
エバルトの作図　111

エミッタ　79
江崎ダイオード（トンネルダイオード）　81
塩化セシウム　7
塩化ナトリウム　8

オ

オームの法則　19
音速　117
音響分枝　115
音響モード　115

カ

GaAs結晶　12
回折格子　106
回折波　106
回転対称性　7
拡張域の方法　16
還元域の方法　16
間接ギャップ　72
間接遷移　139
緩和時間近似　32
緩和領域　138

キ

規則構造　2
気体分子運動論　21
基本格子　9, 11
逆格子　16
　――ベクトル　110
逆バイアス　78

キャリヤ　72
　――注入　75
キュリー温度　95
キュリー常磁性　88, 89
キュリー定数　90
キュリー-ワイスの法則　95
鏡映対称性　7
強磁性　93, 95
強束縛モデル　45
共有結合　5
局在　66
許容帯　42
禁制帯　42, 47, 74
金属　47
金属結合　5
金属光沢　134

ク

空間群　9, 11
空間格子（ブラベー格子）　9
空間電荷　77
空乏層　77
屈折　131
くり返し域の方法　16
クローニッヒ-ペニーのモデル　43
群速度　31, 54

ケ

結晶 3
—— 点群 11
準—— 7, 18
ゲルマニウム 12
原子散乱因子 109
原子振動 122

コ

5回回転の対称性 18
光学定数 136
光学分枝 116, 141
光学モード 116
光子(フォトン) 139
光速 136
交換積分 92, 93
交換相互作用 91
—— エネルギー 92
格子 9
—— 振動 112
—— 点 8
—— 比熱 33, 120
空間(ブラベー)——
 9
 直方(斜方)—— 17
 部分—— 96
構造因子 109
構造解析 106
コレクタ 79

サ

サイクロトロン運動 57
サイクロトロン角振動数 58

散乱緩和時間 22, 53, 57
散乱ベクトル 107, 110
残留磁化 103

シ

磁化 93
 残留—— 103
 自発—— 95
 飽和—— 103
磁化容易軸 100
磁気回転比 85
磁気秩序 91
磁気抵抗 58
 縦—— 59
 横—— 59
磁気能率 84
 スピン—— 84
磁気履歴(磁気ヒステリシス) 102
—— ループ 102
磁区(ドメイン) 100
磁鉄鉱(マグネタイト) 99
磁壁 101, 103
 ブロッホ—— 101
自発磁化 95
自由電子モデル 23, 30
 準—— 39
斜方格子(直方格子) 17
周期的境界条件 24
ジュール熱 132
シリコン 12
ジンクブレンド(閃亜鉛鉱)構造 12
縮退度 63

準結晶 7, 18
準自由電子モデル 39
順バイアス 78
常磁性のキュリーの法則 90
状態密度 33, 48, 123
初期磁化過程 103
真性半導体 71

ス

スピン-軌道相互作用 85, 89, 100
スピン磁気能率 84
スピンフロップ現象 99
スピン容易軸 97

セ

正孔 54, 55, 71
—— 注入 75
絶縁体 47
 バンド—— 71
ゼーベック効果 67, 69
ゼーマンエネルギー 35
閃亜鉛鉱(ジンクブレンド)構造 12
線形応答 20

ソ

双極子相互作用 91, 141
相互作用 1

タ

第1ブリュアン域 29
第2ブリュアン域 29
第2量子化 120

索引 153

ダイオード 78
　　トンネル(江崎)—— 81
　　発光—— 80
　　フォト—— 80
ダイヤモンド構造 12
帯構造(バンド構造) 43, 47
対称性 6
　5回回転の—— 18
　回転—— 7
　鏡映—— 7
　反転—— 7
　並進—— 6
縦磁気抵抗 59
単位格子 9, 11

チ

中性子線 130
超音波 117
直接ギャップ 72
直接遷移 139
直方格子(斜方格子) 17

テ

定圧比熱 121
定在波 114
　——法 117
定積比熱 121
抵抗標準 66
抵抗率 20
デバイ温度 124
デバイ(角)振動数 123
デバイの T^3 則 124
デバイ波数 123

デバイモデル 122
電位差 19
電荷密度 108
電気双極子 4
電気抵抗率 20
電気伝導 19
　——率 20, 22, 32, 136
　——テンソル 53
電気分極 133
電気変位(電束密度) 132
電子 71
電子間クーロン相互作用 86
電子線 130
電子相関 105
電子注入 75
電子比熱 33, 34, 49
電流 19
電流磁気効果 57
電流密度 22, 32
　——ベクトル 52
点群 7

ト

等分配則 122
ド・ハース効果 61, 64
ドメイン(磁区) 100
トランジスタ 79
　バイポーラ—— 79
ドルーデモデル 134
ドルーデ理論 138
トンネルダイオード(江崎ダイオード) 81

ナ

ナノ構造 83

ニ

2電子波動関数 91

ネ

熱起電力 69
熱電効果 67, 69
熱電能 69
熱伝導 68, 125
　——率 68
熱平衡 125
熱膨張 125
　——係数 126
ネール温度 97
ネール磁壁 101

ノ

ノーマル過程 127

ハ

配位結合 5
バイポーラトランジスタ 79
パウリ常磁性 35
　——磁化率 49
パウリの排他原理 86
ハーゲン-ルーベンスの領域 138
バブル磁区 102
バブルメモリ 102
パルスエコー法 117
バンドギャップ 43, 74

バンド計算　50
バンド構造（帯構造）
　　43, 47
バンド絶縁体　71
波数　14
波束　30
発光ダイオード　80
反強磁性　93, 96
反射　131
　　——率　137
反転過程（Umklappプ
　ロセス）　127
反転対称性　7
反転分布　81
半導体レーザー　81

ヒ

GaAs結晶　12
pn接合　77
p型半導体　77
光センサー　80
光伝導　140
非線形光学　142
非調和性　125, 127
比熱　33
　　定圧——　121
　　定積——　121
　　電子——　33, 34, 49
比誘電率　133
標準抵抗器　66

フ

ファン・デル・ワールス
　結合　4
フェライト　99

フェリ磁性　99
フェルミ運動量　25
フェルミ準位　25, 27
フェルミ速度　25, 53
フェルミ波数　25, 28
フェルミ分布関数　33, 52
フェルミポテンシャル
　　25, 75
フェルミ面　27, 28
フェルミ粒子　1
フォトダイオード　80
フォトン（光子）　139
フォノン　112, 118
　　——座標　120
フックの法則　125
プラズマ振動　138
　　——数　134
ブラッグ条件　111
ブラベー格子（空間格子）
　　9
ブリュアン域　15, 47, 114
ブリュアン関数　90, 94
フレンケル型励起子
　　140
ブロッホ関数　14
ブロッホ磁壁　101
ブロッホ振動　70
ブロッホ電子状態　14
ブロッホ(-フローケ)の
　定理　14
フント則　84, 85
複素屈折率　136
複素伝導率　133

複素比誘電率　133
不純物準位　76
不純物半導体　75
部分格子　96
分散関係　23
分子性結晶　140

ヘ

平均自由行程　31
並進群　6
並進対称性　6
ベクトルポテンシャル
　　61, 87
ベース　79
　　——電流　80
ペルチエ効果　67, 69
ペンローズ・タイル貼り
　　18

ホ

ボーア磁子　85
ボース粒子　1, 128
ホール係数　61
ホール効果　60
　　量子——　65
ホール抵抗　61, 65
ホール電場　60
ボルツマン統計　77
ボルツマン方程式　53
飽和磁化　103
保磁力　103

マ

マグネタイト（磁鉄鉱）
　　99

索引 155

ミ

密度汎関数法 50

メ

面心立方 12

ユ

有効質量 46, 54
　——テンソル 55

ヨ

4 端子法 21
横磁気抵抗 59

ラ

ラウエ関数 110
ラウエ条件 111
ラーモア反磁性 88
ランダウ準位 62
ランダウ量子化 57, 61, 62
ランデの g 因子 85

リ

量子ホール効果 65

レ

励起子(エクシトン) 140
　フレンケル型—— 140
　ワニエ型—— 140

ロ

六方最密構造 12
ローレンツ力 57, 60, 87

ワ

ワイス温度 97
ワニエ型励起子 140

著者略歴

1945 年大阪府出身．東京大学理学部物理学科卒．同大学院理学系研究科物理学専門課程修了．工業技術院電子技術総合研究所研究員，東大教授（総合文化研究科広域科学専攻），明治大学理工学部専任教授を経て，現在 東大名誉教授．理学博士．
主な著書：「低次元導体（改訂改題）」（編著，裳華房），「電磁気学」，グリュナー「低次元物性と密度波」（共訳，以上 丸善）

裳華房テキストシリーズ‐物理学　**固 体 物 理 学**

2002 年 9 月 5 日　第 1 版 発 行
2015 年 1 月 30 日　第 4 版 1 刷発行
2023 年 9 月 15 日　第 4 版 4 刷発行

検印省略

定価はカバーに表示してあります．

増刷表示について
2009 年 4 月より「増刷」表示を『版』から『刷』に変更いたしました．詳しい表示基準は弊社ホームページ
http://www.shokabo.co.jp/
をご覧ください．

著　者　　鹿児島　誠一（かごしま　せいいち）

発行者　　吉 野 和 浩

発行所　　〒102-0081 東京都千代田区四番町8-1
　　　　　電話　03-3262-9166
　　　　　株式会社　裳　華　房

印刷製本　株式会社デジタルパブリッシングサービス

一般社団法人
自然科学書協会会員

JCOPY 〈出版者著作権管理機構 委託出版物〉
本書の無断複製は著作権法上での例外を除き禁じられています．複製される場合は，そのつど事前に，出版者著作権管理機構（電話03-5244-5088，FAX 03-5244-5089，e-mail: info@jcopy.or.jp）の許諾を得てください．

ISBN 978-4-7853-2210-6

Ⓒ 鹿児島誠一，2002　　Printed in Japan

裳華房の物性物理学分野等の書籍

物性論 (改訂版) －固体を中心とした－
黒沢達美 著　　　　定価 3080円

固体物理学 －工学のために－
岡崎 誠 著　　　　定価 3520円

固体物理 －磁性・超伝導－ (改訂版)
作道恒太郎 著　　　　定価 3080円

量子ドットの基礎と応用
舛本泰章 著　　　　定価 5830円

◆ 裳華房テキストシリーズ - 物理学 ◆

量子光学
松岡正浩 著　　　　定価 3080円

物性物理学
永田一清 著　　　　定価 3960円

固体物理学
鹿児島誠一 著　　　　定価 2640円

◆ フィジックスライブラリー ◆

演習で学ぶ 量子力学
小野寺嘉孝 著　　　　定価 2530円

物性物理学
塚田 捷 著　　　　定価 3410円

結晶成長
齋藤幸夫 著　　　　定価 2640円

◆ 物性科学入門シリーズ ◆

物質構造と誘電体入門
高重正明 著　　　　定価 3850円

液晶・高分子入門
竹添・渡辺 共著　　　　定価 3850円

超伝導入門
青木秀夫 著　　　　定価 3630円

電気伝導入門
前田京剛 著　　　　定価 3740円

◆ 物理学選書 ◆

強磁性体の物理 (上) －物質の磁性－
近角聰信 著　　　　定価 5830円

強磁性体の物理 (下) －磁気特性と応用－
近角聰信 著　　　　定価 7260円

金属電子論 －磁性合金を中心として－
近藤 淳 著　　　　定価 5500円

磁性体の統計理論
小口武彦 著　　　　定価 5720円

重い電子系の物理
上田・大貫 共著　　　　定価 5720円

◆ 物理科学選書 ◆

X線結晶解析
桜井敏雄 著　　　　定価 8800円

配位子場理論とその応用
上村・菅野・田辺 著　　定価 7480円

◆ 応用物理学選書 ◆

X線結晶解析の手引き
桜井敏雄 著　　　　定価 5940円

◆ 新教科書シリーズ ◆

入門 転位論
加藤雅治 著　　　　定価 3080円

◆ 物性科学選書 ◆

物性科学入門
近角聰信 著　　　　定価 5610円

化合物磁性 －局在スピン系
安達健五 著　　　　定価 6160円

化合物磁性 －遍歴電子系
安達健五 著　　　　定価 7150円

裳華房ホームページ　https://www.shokabo.co.jp/　　※価格はすべて税込 (10%)